U0518239

图书代号：SK21N0655

图书在版编目(CIP)数据

古道玉踪：陇原大地上探寻玉根国脉/张振宇，刘海燕
著. —西安：陕西师范大学出版总社有限公司，2021.4
（2021.12重印）
（玉帛之路文化考察丛书/叶舒宪主编）
ISBN 978-7-5695-1281-6

Ⅰ.①古…　Ⅱ.①张…　②刘…　Ⅲ.①玉石—文化—
中国—古代　Ⅳ.①TS933.21

中国版本图书馆CIP数据核字（2021）第018272号

古道玉踪：陇原大地上探寻玉根国脉

GUDAO YUZONG: LONGYUAN DADI SHANG TANXUN YUGEN GUOMAI

张振宇　刘海燕　著

责任编辑	张旭升
责任校对	王文翠
装帧设计	锦　册
出版发行	陕西师范大学出版总社
	（西安市长安南路 199 号　邮编 710062）
网　址	http://www.snupg.com
印　刷	陕西龙山海天艺术印务有限公司
开　本	889mm×1194mm　1/32
印　张	7.5
插　页	4
字　数	165 千
版　次	2021 年 4 月第 1 版
印　次	2021 年 12 月第 2 次印刷
书　号	ISBN 978-7-5695-1281-6
定　价	68.00 元

读者购书、书店添货或发现印刷装订问题，请与本公司营销部联系、调换。
电话：（029）85307864　85303629　传真：（029）85303879

前　言

　　玉是中国文化的重要组成部分。横穿甘肃大地的丝绸之路，从另一个角度说也是一条玉帛之路，这两条道路在甘肃境内，有交叉，有重叠，也有各自的特点。

　　从地图上看，甘肃两头大，中间细，宛如一只玉如意。再细细看，又似一头奔跑的九色鹿，沿着古老的丝绸之路，自西北向着东南方向飞跃而去。

　　在这片广袤的大地上，巍巍祁连山自西向东，横贯甘肃河西走廊，连绵西秦岭，横割天水陇南间，滚滚黄河自南向北横穿甘肃大地，潺潺西汉水归入长江水系。从甘肃最东端的合水县太白乡，到最西边的甘肃与新疆交界处，经度相差16度，长度达1520公里。从最南端的甘肃文县范坝乡到肃北蒙古族自治县的中蒙边境，横跨1655公里，跨越10个纬度。

　　最近几年，文化寻根，再次成为人们关注的一个热点。而追溯这片土地的文化起源，上自20万年陇东华池、环县之间的旧石器遗址，下至距今8000年的大地湾文化，为华夏文明的源头之一。

　　因多年从事文化外宣和新闻采访,我参与了各种文化考察、新闻采访和网络公益活动,足迹遍布陇原大地。这些年,中国社会科学院、《丝绸之路》杂志社、中国甘肃网等单位,先后组织了10多次玉帛之路考察活动,我甚是有幸参与了甘肃段关陇道、渭河道等多个线路的考察调研,几乎将甘肃大大小小的博物馆参观了个遍。在考察途中,我目睹了参与其中的国内著名专家、学者,白天深入田间地头,翻山越岭,实地调查探访,晚上写稿到凌晨,10多人的小分队发稿量堪比四五十人的年轻媒体采访团队。考察学者的采访手记既有深度,又有新鲜感,深受广大网民喜爱。几年间"玉帛之路"文化品牌影响力逐渐提升,这就是深耕地域文化资源,增强文化自信的一个小举措吧。

　　玉在中国古代是沟通天地的神器,人们给这种奇异的石头赋予了神奇的使命。从古至今,关于玉石的记载,不胜枚举,都有一个共同的特点,那就是玉石多和西部有关,这一点似乎也和中国上古神话中神灵多自西来隐隐契合。中国自古就有"玉出昆冈""昆都玉路"等和玉石产地有关的记载和说法。在中国远古文化中,昆仑山不仅是万山之源,而且也是众神之所,被人们认为是天神降临到人间的第一站。不过,上古神话中所说的昆仑山和今天我们所说的昆仑山是两个概念。

　　甘肃、新疆、西藏之间有个喀喇昆仑山,它是一座极其巍峨的大山。然而,上古时期人们所说的昆仑山则另有地方。据西北师范大学的李并成先生研究,上古时期的昆仑山,指新疆罗布泊以东、居延海以南、青海湖以北的地方,实际上就是今天的祁连山西段。这似乎说明,上古神话中所说的产玉石的昆仑山,就在今天甘肃河西走廊西端一带。近几年,人们在马鬃山、敦煌一带发现了中国古代两个玉矿遗址。马鬃山正好就在上古神话中昆仑山的范围内，敦煌的玉矿印证了玉门关的由来。那么，最早的玉石，究竟是通过何种路线运送到中原地带的呢？

关于这一点，成书于战国之前的《穆天子传》，给我们留下了蛛丝马迹。《穆天子传》又名《周王传》《穆王传》《周穆王传》《周穆王游行记》等，是关于西周历史的重要典籍之一，可惜过去很长一段时间，人们将《穆天子传》视为神话故事、鬼怪传奇，直到近几十年，学术界才重新审视《穆天子传》，对其中记载的周穆王西行之路进行了详细考证。

据记载，周穆王，姬姓，名满，昭王之子，西周第五代帝王，继位时年已50，在位54年（约前976—前922），去世时当在百岁以上。他在位时，曾西征犬戎，俘虏五王，并将部分犬戎迁到太原（今甘肃东部邻接陕西地界）。他命楚伐徐，并在涂山（今安徽怀远东南）大会诸侯。《穆天子传》记述了中国西北地区及其以西的许多地方的历史、地理、物产、社会情况，反映了西周与西部各个民族已经有了交往，是今天研究古代中西道路交通状况的一部珍贵史料。

近年来，在甘肃省酒泉市丁家闸魏晋墓和新疆吐鲁番阿斯塔那古墓中，都发现有周穆王西巡会见西王母的壁画。

对周穆王西巡的线路，学术界有多种说法，其中一说是，依《穆天子传》上记载，大体上是周穆王十三年（前964）闰二月，穆王"驾八骏之乘，赤骥之驷，造父为御"，携带大批丝绸等物资，率六师之众，自宗周往西北出发，渡黄河，进入今山西省，抵达今山西高平市、雁门山、内蒙古呼和浩特一带、土默特右旗萨拉齐、乌拉特前旗乌拉山，又到青海乐都、大积石山、柴达木河北岸、巴颜喀喇山之西部、昆仑山、哈喇哈什河合流处、帕米尔、阿富汗境内的兴都库什之西部等地。

人们对《穆天子传》中的西巡线路，有多种解读，我们就不一一罗列了。至少，穆天子西行线路是围绕上古昆仑山进行的。

曾经有人梳理了一个大概的线路，周穆王驾八骏，率六军，自宗周北渡黄河，逾太行，涉滹沱，出雁门，抵包头，过贺兰山，经祁连山，走天山北路至西王母之邦（乌鲁木齐）……

著名学者叶舒宪认为，周穆王所走的路线应是先向东走，到河南，越过黄河，经三门峡，入山西，穿过五个盆地，出雁门关，然后去河套。此言并非虚构，《战国策》《史记》都有对"昆山玉路"的记载。

实际上，在唐代，这一条北出长安，经阴山的南北向丝绸之路即草原丝路的一部分，又被称为参天可汗之路。

在人们普遍的观念中，丝绸之路主要是一条东西向的路。其实，也分为三条，这就是同河西走廊绿洲丝绸之路并行的道路。其中，中线清代称之为蒙古草原驼道。这条古驼道是沟通北京到新疆之间的路线，北京到新疆，要穿越河北、山西、陕西，经甘肃河西走廊，进入新疆巴里坤，然后北上抵达乌鲁木齐，也就是从长安到中亚的绿洲丝绸之路。当然还有两条路可选，哪两条呢？

其一，从张家口到乌里雅苏台、科不多、吉木乃、塔城、伊犁。这条路和经河西走廊的绿洲丝绸之路一样，算是一条绕行的道路。其二，从北京走张家口、绥远，沿绥（远）新（疆）驼道，抵达新疆巴里坤的北草地之路。相对绿洲丝绸之路而言，这条路非常近，而且沿途站点也非常多。1907年时，这条路依旧畅通，有驮运20万两银子的晋商驼队曾从这里走过。

种种迹象表明，人们所说的昆冈之玉，并非都是指新疆的和田玉，应该也包括甘肃马鬃山所产的玉。

马鬃山玉矿在2011年被申报为甘肃省省级重点文物保护单位，这里发现了从战国到汉代的玉矿。一般人都认为古代用玉均来自新疆和田，马鬃山玉矿、敦煌附近玉矿的发现打破了这一认识。通过考察，叶舒宪针对甘肃境内的玉文化资源，提出"玉出二马岗"的概念，专指马鬃山玉和马衔山玉。

马鬃山的玉，究竟是通过什么途径流通到中原的呢？穆天子所走的线路可能就是其中之一。从马鬃山，或到今额济纳，或进入内蒙古境内，沿着北草地之路向东传至河套一带，然后南下。这条路线，也是汉军向北出发再向西包抄匈奴的线路。另一条线路就是河西走廊线路。第三条线路则是丝绸之路的羌中道线路。位于甘肃广河的齐家坪（齐家文化类型遗址命名地）恰好在河西走廊线路和羌中道线路的连接点上。而齐家文化最大的特点，就是玉石崇拜。

从玉门、马鬃山向东到陇山一线，甘肃境内的玉帛之路，一直是我们要考察的重点地段。这些年多次考察虽然艰苦，但是收获也很大，不仅见到一批新东西，而且形成了新想法、新观点，也就有了这本书，堪称实践出真知。

张振宇

目录

穿越草原丝绸之路

关陇道上寻玉踪

探秘八百里渭河道

迂回穿行陇东陕北道

穿越草原丝绸之路

从会宁大玉璋到隆德玉璧王

2015年6月8日，草原玉石之路（第五次玉帛之路）文化考察活动在兰州启动。随后的8天时间里，我们行经会宁、静宁、隆德、彭阳、固原、西吉、海原、银川、阿拉善左旗、雅布赖、阿拉善右旗、额济纳旗、黑城、马鬃山、酒泉，考察当地博物馆及以齐家文化为代表的古代或史前遗址。

考察团团长叶舒宪教授提出，本次考察的重点在于草原玉石之路的中段具体路线，其间还要穿越巴丹吉林和腾格里两大沙漠地带，探明从额济纳旗向西到马鬃山，再向西通往新疆哈密的古代路网情况，希望通过草原丝绸之路北道的田野新认识，从多元的视角，厘清西玉东输的玉矿资源种类，理解早期的北方草原和戈壁地区运输路线与玉石玛瑙等资源调配关系，以及与金属文化传播的关系，并尝试解说马鬃山玉料输送中原的捷径路线是否存在的疑问。

会宁县是我们考察的第一站，能早点目睹会宁县博物馆珍藏的齐家文化玉璋之真容，也是所有人的共同期盼。叶舒宪教授介绍说，玉璋是史前至夏商周时期标志性的重大玉礼器，曾经在没有文字的时代流行过千年之久，商周以后逐渐失传不用，却在古文献中留下千古余响。

图1　会宁县博物馆藏齐家文化三孔大玉璋

　　到达会宁县博物馆，考察团经过一番周折，终于被允许全体进入文物库房观摩和拍摄馆藏玉器，见到1976年出土于会宁县头寨子镇牛门洞遗址的玉牙璋令考察团学者大为振奋。该玉璋长达54.2厘米，宽9.9厘米，厚度仅为0.1至0.2厘米。叶舒宪教授感慨道，将这块玉璋称为"齐家文化玉璋王"一点不夸张，其尺寸巨大、玉料优良、做工精细，是齐家玉璋现有考古采集的三件中最大的一件。从尺寸、玉质和工艺三个方面来看，这块玉璋都能称得上是名副其实的玉璋王。

　　兴奋的考察团成员满载收获，作别会宁，驱车前往第二站——宁夏隆德县。考察团在中途考察了隆德沙塘镇和平村北塬新石器遗址。据隆德县文物管理所刘世友所长介绍，该遗址发掘面积400平方米，清理房址9座，灰坑90座，其中窑洞式房址1座，保存基本完好，分洞室、过洞、洞前活动面三部分，出土有石器、陶器、骨器等。

　　在隆德县文物管理所，考察团遇见了第二个惊喜——一块直径达36厘米的大玉璧。考察团团员们称它为玉璧王。这块1988年出土于隆德县页河子的玉璧，因尺寸之巨，也属罕见。一日内能见两"玉王"，让团员们精神振奋，纷纷期待着玉石之路

图2 考察团员在隆德沙塘镇和平村北塬新石器遗址考察

的第二日仍是一个丰收日，我们也期待着这趟找寻失落文明的征程从这个好的开始起步，为我们捡起更多淹没在历史长河里的文明与记忆。

9日，考察第二日，这是在路上的一天，考察团近8小时奔波在路上，甚至一度"迷失"在六盘山逶迤的山路里，所幸考察收获颇丰。这一路的艰辛付出，当得起值得二字。

按照计划，考察团将从宁夏隆德出发，前往第一站彭阳，之后再到达第二站固原市，考察彭阳文物管理所与固原博物馆，晚宿固原，一日圆满。早晨8时许，考察团向着彭阳方向出发，不料出隆德不到10分钟，只见前方车辆在笔直的公路上排起了看不见头的长队，一打听，这车队竟已堵了5小时之久。时间宝贵，考察团决定先赴固原，尔后再到彭阳。跟随隆德县文物管理所刘世友所长的引导车，我们的车辆沿六盘山公路而上，一路上，六盘山逶迤的山路，道旁的风景让团员们兴奋不已，殊不知，我们与六盘山的缘分才刚刚开始。

中午时分，考察团到达固原市博物馆，顾不上吃饭休息，团员们迫不及待地进馆观摩齐家文化玉器。观毕，仍不尽兴，团员们便走进这座历史小城的小街巷，去"打探"齐家玉器在民间的"下落"。

简单的午饭过后，考察团抓紧时间赶往彭阳，不承想因不熟悉地形，错选了山路。车子行驶在山脊，景色甚美，心

图3　隆德县文物管理所，考察队员观摩"玉璧王"

中却忐忑不安，沿途遇见的零星车辆都预示着我们选错了路。但为时已晚，早已不能够后退，只得硬着头皮一心向前，颠簸了近3小时后，车子终于到达彭阳。

在彭阳文物管理所简陋的文物仓库里，我们见到了被尘封半个世纪的齐家文化玉琮。"这些齐家文化玉器玉质细腻，做工精良，却被世人遗忘。"中国社会科学院民族学与人类学研究所研究员易华感慨道。

考察团成员们在这小小的仓库里，目光炯炯，仔细观摩，轻轻摩挲历史文明留下的瑰宝，长久不愿离去。正如易华研究员所说，要研究，就得多走路，要探寻草原玉石之路的神秘，要认识更多的齐家文化之奥秘，或许这仅仅是一个开始。

第三天，按照计划，我们将告别宁夏西海固，在银川稍作停留后，开启穿越戈壁滩之行。即将离开，确有几分不舍，离开西海固，考察团所能寻到的齐家玉器或许会越来越少。除此之外，

每到一处，身处基层一线的文物保护工作者的热情和真诚也让我们留恋、感动。

早晨8点，团员们精神振奋，在车上分享两日来的收获。白天要考察，夜间要写稿，这是特别的交流时刻，团员们将考察报告分享到微信群，交流所思所感。考察团一名成员因为写稿误了早餐时间，在车上一边吃早餐一边还忙着校稿配图，见此情景，大家不忘拍照记录下他的"囧样"。叶舒宪教授打趣道："现在咱们车厢变成一个小工作室了。"车里气氛轻松，大家神清气爽，新一天的考察从这样的美好开始。

2小时后，我们到达西吉博物馆，直奔齐家文化玉器凤鸟纹玉琮，这块玉琮因其一面刻有凤鸟纹案而珍奇。据介绍，这块玉琮采集于西吉白崖乡，是当地文物保护工作者用一袋肥料从老乡手中采集而来。"齐家文化玉琮中有刻画的很少见，这块玉琮确是齐家玉，至于玉琮一面的刻画是何时刻上去的，还有待考证。一种观点认为是西周人将自己的图腾神鸟后来刻画上去的。"叶舒宪教授在观摩之后说。

离开西吉，我们驱车翻越月亮山、南华山，前往西海固最后一站——海原。车子沿着山路颠簸而上，景致也越来越美，山巅之上，抬眼远望，苍茫的大地辽远广袤，望不到头，让人不禁心生敬畏。风吹草成浪，考察团中《人民画报》摄影记者秦斌说："看，这就是风

图4 西吉博物馆藏齐家玉器凤鸟纹玉琮

的样子。"醉心于这样的美景，考察团团员们长途跋涉的疲劳都淡了下去。

3小时后我们终于到达海原，时间已是下午2点，菜园新石器时代文化遗址就在海原县县城西南10公里处，而在分布地域上，菜园遗存与齐家文化有大片的重合区，因此，考察团期待在海原文物管理所能收获齐家玉器，无奈仅藏于此的一件玉璧、一件玉琮已被银川博物馆借调，空留遗憾。

下午4点半，因要赶往银川，我们不得不放弃考察菜园村文化遗址。写稿时，天已暗下来，车子在高速行驶了4小时，我们离目的地还有几十公里的距离。

晚上9时，我们一行抵达银川，吃完晚饭已是晚上10点30分，考察团团长叶舒宪教授等人在银川下榻的酒店与宁夏文物局和考古所的专家座谈，围绕西吉凤纹玉琮展开一番交流，座谈会结束已至深夜12点。

明天又是五六百公里的长途奔波，也是任务艰巨的一天。

穿过三关口抵达阿拉善

10日上午8点，我们离开银川前往内蒙古阿拉善左旗。今天的目的地是阿拉善右旗的巴丹吉林镇，途经西夏王陵，翻贺兰山，穿过三关口。

三关口是宁夏与内蒙古阿拉善左旗的交界地，银川至巴彦浩特公路穿关而过。作为内蒙古阿拉善高原通往宁夏平原的主要通道，历史上曾有很多战事发生在这里。从远处看贺兰山陡峭雄伟，但到三关口处陡然平缓了下来，关口地势十分开阔。在关口处可看到绵延纵横的长城与墩台、烽火台左右连属，实有西控大漠咽喉要道之险。这里山脉蜿蜒曲折，地形雄奇险峻，在两山夹峙的山坳中，建有关隘。

图5 从银川出发，途经贺兰山山口的三关口

据史书记载，三关口为嘉靖十九年（1540）都御史杨守礼、总兵官任杰修筑，从东向西设关三道。头道关为主关，南北与长城主体城墙相连接，夯土城墙起于北侧山上，过关后向南蜿蜒而去。过头道关顺公路向西约2.5公里即为二道关，今仅关口南侧的山头上残存一座夯土墩台。过二道关顺路向西，山谷渐趋狭窄，约2.5公里后，两壁相夹一道，十分险要，此处便是第三道关。修银巴公路时，此关的最后一些遗址也被毁掉了。当年修筑长城时，这里多沙砾少土壤，于是军士们遍剖诸崖谷，得壤土数处；又因无水，做水车百辆，到距关口20多公里的平吉堡取水，与壤土、砾石相拌，夯筑而成，坚固异常。筑关时曾依山而砌有石质长城，挖深沟一道。

　　大约上午9点30分，考察团进入内蒙古阿拉善左旗博物馆参观。博物馆内有三个历史文物陈列室，展有阿拉善地区石器时代以来的珍贵文物。据介绍，距今约6000年前到4000年前的新石器时代，阿拉善地区水草丰美，动物成群，人类活动频繁，仰韶文化、马家窑文化和齐家文化曾在这里出现。阿拉善也被誉为"玛瑙海洋"，在阿拉善博物馆，精品玛瑙展令考察团员们大饱眼福。民族风俗文物陈列室展有和硕特部蒙古族衣、食、住、行装饰实物和民间艺术品139件。游人可在此一睹阿拉善王府的风貌，了解阿拉善的历史、文化、民族风情。

图6　阿拉善博物馆建筑气势雄宏庄重，融民族传统、地方特色于一体

此外，该馆还藏有反映古代游牧生活的岩画史料照片100多幅。这些岩画题材内容众多，除各种动物外，有狩猎、放牧、舞蹈、战争、车辆、帐幕及由帐房组成的村落，还有各种图案和藏文字等，极富特色。岩画再现了古时在阿拉善草原上活动过的原始部族，以及匈奴、羌、党项、蒙古等民族的丰富多彩的生活情景。看着眼前的历史遗存，古老文明的源流与嬗变仿佛就在眼前。

中午饭后，我们开始跨越考察以来最长的路程，基本上围绕腾格里沙漠北部边缘走，行驶3个多小时后，车刚入阿拉善右旗界，考察团团长叶舒宪教授等人就下车在沙漠采集玛瑙标本，引得大家也纷纷下车捡玛瑙。因为不识货，大家石头、玛瑙以及类似的一齐捡，然后请专家从中挑选好的留下。不过大大小小都有收获，只是品相一般，也算是一个小小的纪念品。大家在车上请专家鉴定，互相观赏，旅途的疲劳顿时一扫而空。

图7　阿拉善博物馆的岩画

　　傍晚7点的腾格里沙漠，阳光晒得脸发烫，公路两旁，成群的骆驼走向回家的路。考察车已在戈壁沙漠中行驶近4小时，预计还有4小时车程才能到达目的地。

图8　6月11日考察团前往阿拉善右旗，途经雅布赖时合影

　　而明天又将是长途跋涉的一天，考察团要穿越巴丹吉林沙漠前往额济纳旗，此刻团员们已经非常疲惫，只盼望能在天黑前到达巴丹吉林镇。一路辛劳一路收获，考察即将过半，离马鬃山也越来越近，考察团成员们已开始期待惊险的历程。

赶到额济纳

　　两天时间，总共行程1200多公里，穿越腾格里、巴丹吉林两大沙漠，转眼间，考察进入第五日。

昨天考察团到达阿拉善右旗巴丹吉林镇已是夜里10点多了，因为阿拉善右旗博物馆临时翻修还未完工，大家原以为在巴丹吉林只能空手而归，后来经过一番协调争取，得以观摩藏于阿拉善右旗文物局仓库中的史前陶器及玉髓工具。一件新石器时代的四坝文化彩陶让考察团员们兴奋了起来，据叶舒宪教授介绍，这是迄今发现的最大的四坝彩陶。

易华教授激动地说："本来准备离开的，能意外遇到这件四坝彩陶王，真是柳暗花明。"另有一件器形硕大的三足大陶鬲也颇具特色，做工精细，三足鼎立，容器内部三部分分隔开来，有团员调侃它像我们今天的

图9　阿拉善右旗博物馆藏一件器形硕大的三足大陶鬲

鸳鸯火锅，让我们不禁想象起先民用这三足鬲做饭的场景。

据阿拉善右旗文物局范南荣局长介绍，总面积7万多平方公里的阿拉善右旗一直没有开展过正式的考古发掘，所有文物都是在普查和田野调研时采集、征集来的。而面前琳琅满目的史前文物让人不禁好奇这广袤大地之下埋藏着的古老文明。

离开阿拉善右旗，我们一路向西，穿过龙首山、合黎山大峡谷，沿黑河北上，奔向额济纳旗。一望无际的戈壁沙漠，一条寂寞公路，几百公里戈壁滩，满眼的荒凉和闷热的车厢，团员们谈天说地，让这难熬的时间过得快一些。

下午4点，离额济纳旗还有2小时车程，而额济纳旗博物馆5点就要闭馆，恰逢当地次日停电一天，所以我们只能快马

图10　前往额济纳旗途中偶遇骆驼群，在水源旁边歇息

加鞭，争取早点到达。另外，考察团成员与额济纳旗博物馆沟通，争取能推迟闭馆时间，经过一番交涉，额济纳旗博物同意给我们半小时的延长时间，所幸我们按时抵达，如愿进入博物馆参观。

在额济纳旗博物馆，又见夹砂红陶鬲以及大量玛瑙细石器，今日所见均可称为草原文明的见证，它们向我们诉说着从旧石器时代至青铜时代，古代先民在额济纳流域所创造的灿烂细石器文化和四坝文化，一块几乎从未发掘的处女地，还埋藏着多少古老文明的信息，引人遐想。

黑城寻"遗"

经过两日的沙漠长途奔波，考察团商定第六日在额济纳旗达来呼布镇停留一日，暂歇之后，又将迎来一场严酷考验。

早晨，考察团到达位于阿拉善盟额济纳旗北部的居延海，这片戈壁沙漠中的绿洲是穿越巴丹吉林沙漠和大戈壁，通往漠北的重要通道，曾是兵家必争必守之地。汉武帝时期，大批汉军将士在这里屯兵戍边，修筑长城防备匈奴，汉代悲情将军李陵曾从这

图11　额济纳河水流入居延海

里出塞。后来，成吉思汗发兵西夏，饮马黑河，鞭指居延。意大利人马可·波罗，也是随着西域王国向中国进贡的驼队来到中国的。据说，在元朝时，马可·波罗曾到过居延海，在《马可·波罗游记》中就有一段他到达居延海后的描述：从蒙古大漠中走来，突然看到一片蓝天碧水、芳草茵茵的所在，会是多么令人惊喜啊！

居延海地区自先秦以来，几度繁荣，几经战乱，历尽沧桑。她以浩瀚的水域、肥沃的土地、富庶的物产和重要的地理位置，养育了历代生活在这里的人，在西北具有重要地位。漫漫黄沙中，这一汪碧水是如此珍贵。

图12　居延海湖面上碧波荡漾，湖畔芦苇丛生，是候鸟栖息地

图13 流沙已经快将黑城部分城墙吞噬

下午，考察团来到位于额济纳旗达来呼布镇东南25公里处的黑城遗址。黑城是古丝绸之路上现存最完整、规模最宏大的古城遗址之一，2000年前开辟的丝绸之路北线居延北线段，就在黑城附近通过。

初夏的黑城荒凉空旷，黑色的戈壁，粗糙的砾石，随风而动的流沙，寥若晨星的低矮沙生植物，沧桑之感油然而现。太阳照在脸上灼热难耐，风刮来嗖嗖作响，掠起阵阵沙雨如利刃般削割，让人眼睛都睁不开。也许是天气原因或因旅游淡季，这里游人寥寥无几，眼前只是破败的城垣、孤独的佛塔、死寂的废墟、剪影般的残壁和遍地的瓦砾。

图14 黑城城内的街道和主建筑遗迹

　　黑城蒙古语意为哈日浩特，是居延文明的主要遗址代表，也是如今西夏文化研究的重要遗址。它始建于公元9世纪的西夏时期，为西夏黑水镇燕军司驻地。1226年，成吉思汗的蒙古军第四次南征攻破黑城，在此设亦集乃路总管府，这里成为中原到漠北的交通枢纽。1372年，明朝大将冯胜攻破黑城后，黑城便遭废弃，此后黑城在尘封的历史里沉睡了近700年。黑城现存城墙为元代扩筑而成，周长约1.6公里，东西434米，南北384米，东西两面开设城门，并加筑有瓮城。城墙用黄土夯筑而成，残高约9米。城墙西北角上保存有高约13米的覆钵式塔一座，城内的官署、府第、仓敖、佛寺、民居和街道遗迹仍依稀可辨。城外西南角有伊斯兰教拱北（陵墓建筑）一座，巍然耸立地表。四周古河道和农田的残貌仍保持其轮廓。

黑城虽然历尽千年沧桑已衰老不堪，但能看出昔日的雄伟壮观。站在城墙上，满眼黄沙漫卷，耳边风声呼啸，黑城尽收眼底，四面城墙兀然而立，四个城门口都有瓮城拱卫，城墙外侧的马面、敌台延续着它们恪尽职守的习惯，夯筑的经纬线横平竖直、历历在目。苍黄的夯土层，在常年强劲西风和暴虐西北风卷起的漫天飞沙和碎石的煎熬中早已斑驳不堪。西城墙和北城墙已

图15　黑城西北角建有覆钵式白色佛塔

为黄沙所掩埋，城中再也看不到鳞次栉比的楼宇殿阁、整齐有序的房屋建筑和宽阔笔直的街道，只剩下断垣残壁，狼藉一片。四个城门已全被堆土封死，只是西城墙靠中部城墙根处，一个高2米多、宽约1.5米直通城外的大洞赫然在目，据说这是守卫城池的将军最后突围而走的掘城处。

沙漠已经快将这里吞噬，黑城里面还埋藏有多少珍宝依然是一个未解之谜，当年的许多遗址如今已埋入沙下或被流沙侵蚀。我们注目着黑城，它当年的繁荣仿佛一一呈现在眼前。

告别额济纳

考察第七日，因为考斯特中巴车无法在额济纳到马鬃山的无人区行驶，考察团决定兵分两路，叶舒宪教授率考察团一行6人走丝绸之路草原直线，因该路段路况不佳，在当地租用两辆四驱越野车，穿越无人区，重走千年驼队之路。其余4人乘坐考察车绕道前往酒泉、嘉峪关，两队计划于15日在马鬃山会合。

我选择穿越无人区，这是考察草原丝绸之路行程中最艰难的一段，也是最有收获的一段。

一大早，我们计划从额济纳旗出发，沿汉代以来的草原丝绸古道，穿越荒漠无人区，直达马鬃山。这是体验草原玉石之路与绿洲丝绸驼路最具探险性的行程，全程约500公里，也是最难走的。出发时，听说前面只有30公里的柏油路，大多路段是采矿车碾出的便道，还有200多公里要穿越荒漠无人区，没路可寻，一想这对我们一行来说必然是一场"硬仗"，但对于专门探险、寻路的考察团成员来说，这场"硬仗"又将是一条充满梦幻色彩的发现之路。蒙元时期是草原丝绸之路最为鼎盛的阶段。元代有驿站1519处，有站车4000余辆，这些站车专门运输金、银、货、钞、帛、贡品等贵重物资。当时，阿拉伯、波斯、中亚的商人通过草原丝绸之路往来中国，商队络绎不绝。

而地处甘肃、内蒙古、新疆三省（区）交界处的额济纳是一个神奇的地方。额济纳是一个被人们遗忘了的十字路口，在汉唐元时期，它是仅次于敦煌的另一个沟通东西方的交通枢纽。额济纳由"亦集乃"一词转音而来，亦集乃是元代设立在此地的一个总管府的名称，驻扎在黑城，后来这座古城被明军攻破，由于是边外而遭放弃。清代这里成为安置东归土尔扈特人的地方，亦集乃也由此被转音成了额济纳。

每年秋天，这里是闻名全国的旅游胜地，数万名各地游客云集于此，欣赏胡杨林的美景。44万亩的胡杨林、星罗棋布的汉代古城遗址、数万枚汉简的出土，都让额济纳成为一个让人陶醉的地方，因为它正在向人们讲述着一个个遥远的故事。

然而，额济纳的前身是中国历史上一个悲壮而张扬的地方。在额济纳的许多地方都残存着一些古城遗址，这些古城绝大部分是汉代所修筑。今天的额济纳就是历史上的居延地区，也就是人们无数次说起的居延塞。

居延是匈奴人的地名，西汉政府设立居延县将它归入张掖郡管辖，目的是为了安置所俘获的居延人。有人曾这样写道："西汉王朝出击匈奴时，为保障河西走廊西端的安全，保持丝绸之路的畅通，汉武帝任用路博德修建了大量城障要塞，并调集了18万人的大军戍守此地，形成了名扬千古的居延塞。"

图16　居延海的候鸟

　　额济纳也是仅次于敦煌的另一个东西方的十字路口。这里是草原丝绸之路和绿洲丝绸之路的交汇处。历史上人们往往把这条道路分为两部分，即参天可汗道、居延道两条路。草原丝绸之路的大致走向是，从长安出发向北越过长城，过阴山，出塞外，然后穿越蒙古草原至中亚、西亚及非洲、欧洲。

　　一般来说，人们从内蒙古阴山地区，沿河套西行经居延、巴里坤、吉木萨尔，过天山间，直达伊犁，经伊塞克湖而达中亚，也就是清代绥新驼道、北草地之路。参天可汗道是在贞观二十一年（647）被正式命名的，以长安为起点北上，然后渡过黄河到云中受降城，北越阴山，至回鹘牙帐，前段称阴山道，后段称参天可汗道，史载这段路"置六十八驿，有马及酒肉以供过使"。

　　居延道则由居延北行，至鄂尔浑河、土拉河、色楞格河上游的古代各少数民族首府（如诺颜山地区的匈奴贵族居住地，鄂尔浑河畔的回纥汗都城哈剌巴剌合孙，元代的和林等），东循河套可至山西大同、河南安阳等地，西行经建国营、马鬃山而至哈密，南行经张掖、扁都口而至西宁，形成了一个十字交叉的交通枢纽，起着连接南北、沟通东西的作用。

　　居延古道远远早于张骞出使西域、开通丝绸之路时，它是丝路沿线不同民族之间自发形成的商贸交易线路。随着局势的变化，居延古道也渐渐被人们忘记。

图17　额济纳旗的胡杨林

在地图上看，从额济纳到马鬃山的道路，属于乡间便道。这种道路虽然平整，但比较狭窄。自唐以后，官方使节基本不走这条路，但特殊情况除外。曾经的绿洲丝绸之路，在清代只剩驼道了。

听同行的冯玉雷社长介绍，此路段是清代绥新草原驼路，是从归化（今呼和浩特市）经额济纳到新疆古城（今奇台县）的驼路之一，称"小西路"，也是中瑞西北科学考察团斯文·赫定、贝格曼和哈仕仑等走过的路线。后来听黑戈壁博物馆卫馆长说，在他小时候，爷爷从青海经敦煌到内蒙古的驼队也是走此路。

穿越千里无人区

早上7点起床，收拾好行囊，我们在额济纳旗特意吃了碗"双加"牛肉面后，备足了干粮和水，就出发了。听蒙古族司机满都拉说，他的舅家在马鬃山镇，以前曾经走过，所以我们心里很坦然。

清晨的额济纳是最舒服的时候，太阳不热，光线透过郁郁葱葱的胡杨林，在大地上留下一个个斑驳陆离的影子，或大或小，或方或圆……

车子一路向西，行驶约30公里来到赛汉陶来，此为蒙古语音译，意思是美丽的胡杨。额济纳河孱弱的河水像一条晶莹的飘带，延展数百公里，向北流入荒漠，孕育了这一片充满生机的绿洲。一株株伟岸挺拔的胡杨，就像守护者一样默默地伫立在那里，形成一道生命的屏障，保护绿洲不被风沙摧残。一簇簇红柳

图18　赛汉陶来是一片充满生机的绿洲

花开满身，如盛开的烟火，成为大漠戈壁一道亮丽的风景，打破了这亘古不变的旷野之上的死寂。

过了绿洲，车辆继续前行，柏油路面变成了砂石路，景色更加单调，植物越来越稀少，骆驼刺也枯萎了，放眼望去，茫茫旷野了无生机。沿着砂石路继续向西行驶，进入一片大大的戈壁滩，远处有低矮的、绵延不绝的黑色山脉，蒙古族司机兼向导介绍说，此山在蒙古叫小马鬃山，甘肃与内蒙古交界的山叫大马鬃山，这两座山都是我们此行要穿越的。

茫茫的戈壁滩，两辆SUV越野车显得那样渺小，道路越来越差，在偌大的空旷的世界中，一条颠簸的砂石路弯弯曲曲延伸到

图19 穿越额济纳旗的戈壁滩

　　了天边，我们的车辆就像两只小甲虫在踟蹰前行。车行约150公里，前面出现山的豁口，到达一个地名叫苦口子的地方。听司机介绍，这是小马鬃山和黑鹰山两山峡谷的出口，也是从额济纳旗到公婆泉的古驼队必经之处，于是我们停下车，纷纷拍照取景，在这里驻足流连许久。

　　下午1点多，车行到名叫一棵树的地方。我们看见一片黑色丘陵，接天连日，一望无际。满山黑色砾石组成的山体在阳光下发出幽幽的光，原来这就是传说中的黑戈壁。恰是丁字路口，有一条路是嘉峪关通往黑鹰山的道路。原来大家考虑在一棵树这个地方，坐在树荫下歇息就餐。而到这里环顾四周，除了低矮的小山丘就是黑色的戈壁滩，根本看不到一棵树。

席地而坐简单就餐后，车子继续向前行驶了10多公里，可以看到唯一一棵干枯的胡杨树，斜卧在水泥堆砌的围栏里，上面歪歪写着"一棵树"三个字，算作纪念。这就是一棵树地名的由来，也是这条古道上唯一让人觉得充满绿色希望的地名。

距离一棵树不远的地方，我们遇到了一座砖砌的院落，院内有两棵低矮的小树，院墙的周围有三只小狗在游荡。听说以前这里有一户人家，现在已经搬走了。临时搭建的现代板房上大大的广告字告知人们，这里是为过往车辆提供简单修理和用水服务的地方。

图20　苦口子

　　走了好长一段砂石路，车行了300多公里，到达一个叫算井子的地方。司机把车子向右一拐，朝大马鬃山的大致方向驶去，这里基本上没有路，很少有车辆通行，只有被风沙吹得隐隐约约的车辙，在其间行驶，极具感官刺激。我们时而在水冲的河床中蹚过，时而在黑黝黝的戈壁滩上驶过，时而在干枯的荆棘丛中穿行，时而慢行爬上山脊。蒙古族司机满多拉膀大腰圆，足足有200多斤，他不愧是额济纳旗的越野能手，一路上说话不多，车技娴熟，胆大心细。他开车像驾驭着一匹灵性野马一样，稳驾急行，随心所欲，忽上忽下，浑身充满着游牧民族的那种彪悍、刚

图21　水泥堆砌的围栏里斜横着一棵干枯的胡杨树，所以地名叫一棵树

毅、自信。车虽然偶有抛锚，但依靠专业的旅途经验他都能很快排除故障。他是额济纳旗人，母亲和舅舅都是肃北蒙古族人，故而熟知这里的道路和风土人情。

车子继续前行，大约50公里后，地势相对平坦，植被也变得丰茂起来，到处都是1米高的沙生植物。忽然，看到一座突兀的残破低矮的房屋，周围一群骆驼昂首阔步，悠闲地在空旷的场地上散步，悠扬的驼铃打破了戈壁的宁静。我们想拍摄骆驼，让司机把车子驶近院落附近。刚下车，看到房屋里一下子涌出来了十几个年轻人，一打听才知道他们大多是河北廊坊人，是国家地质勘测队员，借用驼户房屋居住。驼户主人姓高，是额济纳旗人，门口摆放着许多捡来的戈壁石，供人观赏。他一人养殖了五六十峰

图22　在戈壁深处唯一的牧民房屋与养殖的骆驼

骆驼，就在这"世外桃源"放牧。这里平时几乎见不到生人，他们今天见到我们，十分热情，彼此交流了近半个小时。临走时，所有人都在门口相送，挥手致意，恋恋不舍。

图23　6月14日，考察团前往马鬃山途中，在算井子与地质勘测队员合影

　　告别驼户，穿过了一条叫保密口子的长峡谷，这才真正到了荒漠的核心腹地，感受到无人区的一片寂静。沙漠中还有植物和动物生存，但是在戈壁中生命的迹象完全消失。行走在苍茫的戈壁滩上，孤独和茫然紧紧包裹着我们，"穷荒绝漠鸟不飞"，这里才是真正的生命禁区，正如中瑞西北科学考察团斯文·赫定所描写的那样："即便在月球上也难见得有这样比我们所走过的地方更为荒凉的，很少能见到一个略有生机的荒丘。"

　　继续前行，景色依旧单调，沿途放眼望去，戈壁茫茫，了无生机。走在戈壁滩上，简陋的越野车在搓板路上颠簸得厉害，后备厢放置的铁制工具伴随着车子的上下颠簸，"叮叮、咣咣"响个不停，像是有人刻意无序地敲打，节奏异常频繁。前面车辆驶过，沙尘漫天，笼罩其中，能见度极低，车内弥漫着沙尘味。车窗外满眼单调的景观和车子内无法抑制的闷热、嘈杂交织在一起。车辆行驶在旷野中，没有准确导航，车子有时绕路，有时迷路，远看前面隐隐约约是一座山，以为快到目的地，当从山脚下翻越而过，又是茫茫戈壁，人迹罕至，连续翻越，艰难行走，就这样又度过了漫长的几个小时。

考察团成员们虽然辛苦，但能体验到穿越草原丝路古道带来的愉悦。可以想象每天四五十里的古驼队走出大漠戈壁的艰辛不易，而今天我们坐着车辆从中穿行，那种发自内心的幸福感便油然而生。

图24　戈壁深处无人区，四周一片寂静

图25　考察团成员在穿越荒漠无人区时合影

　　车辆连续在山顶与沟谷中行驶，忽上忽下，蜿蜒蛇行，终于行驶到山的最高点。下山途中，看到一只狐狸从荒草丛中窜出，边跑边四处张望。这是在戈壁里看到的唯一生物，我想离目的地不远了。

　　沿冲积扇的碎砾石下了山，又是茫茫戈壁一大片。到达马鬃山镇的路还有多远，司机只知大致方向，具体里程也不清楚，我们只能凭借地图进行推测。一阵阵饥饿感不断袭来，催促我们不由自主地呼吁司机加快车速，但这样的路况，即便是以最快的速度前行，也只有每小时40公里的时速。

图26　翻越马鬃山峡谷豁口，下山途中，看到一只狐狸从草丛中窜出，惊恐地四处张望

　　渐渐地，我们发现，尽管远处的丘陵依然呈黑褐色，但是戈壁滩上已经出现了黄褐色土壤，麻黄草和沙柳的密度也越来越高，直觉告诉我们，就要走出黑戈壁了。

小镇马鬃山

　　下午6点多，我们在戈壁滩中碰到京新高速公路工程测量队的两位工程师，一打听还有六七十公里。司机铆足了劲，蛇行穿越于坑坑洼洼的简易砂石道路。

图27　肃北县境内的戈壁无人区

　　400公里的直线距离，竟用了11个半小时，途中艰辛，可以想象。终于在晚上7点30分，到达甘肃省最西北的边防小镇——马鬃山镇。夕阳洒落在三只羊的标志性建筑上，显得那样恬静、祥和。小镇就像20世纪八九十年代的西部乡镇一样，没有拥挤、喧嚣，令人好生羡慕。

　　马鬃山小镇，以地处马鬃山山脉而得名。马鬃山是甘肃河西走廊北山山脉的一部分，地处河西走廊西头的北端。马鬃山主峰海拔为2583米，四周是大面积的准平原化干燥剥蚀丘陵区与洪积砂石地。这里生态条件极其恶劣，大部分地方干旱缺水，属于温带荒漠性气候，年降水量只有80.7毫米，而年蒸发量却达到3031

毫米。大自然是公平的，没有给这块地方美好的生态环境，却给它了丰富的地下宝藏，这里有铜、铅、锌等多种金属矿床，多沉积成侏罗系煤层。没想到在21世纪初，这里还能发现优质玉矿。

晚餐后，我们漫步在马鬃山小镇上，这里寂静得让人丝毫感觉不出现在是21世纪初。马鬃山小镇，常住人口1400多人，兰州市很多学校的人数都要比这个小镇多。镇子上行政机构、宾馆、学校、外贸市场、粮站、加油站都有，为人们提供了基本的生活保障。

图28　马鬃山镇的标志性建筑——三只羊雕塑

镇子虽小，但面积却不小，镇上的人自豪地告诉我们，马鬃山镇的面积占肃北县面积的一半，和江苏省面积相当。可以说，这一天，我们在不知不觉中相当于穿越了整个江苏省啊！在戈壁荒原上，人们以水为命脉，马鬃山镇镇政府所在地叫公波泉，也称公婆泉，就是说这里有大小两眼泉，大为公，小为婆。小镇上最高的建筑，就是小学了。

随后，叶舒宪教授一行在马鬃山镇镇长的引导下参观了黑戈壁博物馆，其中陈列的几块采集于马鬃山玉矿遗址的玉料令考察团惊喜万分。

图29 马鬃山镇政府所在地叫公婆泉，意为两泉相挨，大为公，小为婆

马鬃山：黑喇嘛碉堡山的传奇故事

在从额济纳旗穿越无人区之前，团员们就对马鬃山的黑戈壁传奇故事充满了极大的兴趣，十分神往。

从额济纳旗出来200多公里，过了小马鬃山，远远地眺望大马鬃山，就像黑色的马鬃一样，长长地横亘东西。车子驶过，地上戈壁滩也是黑色的风凌石，行走其间宛若进入了一个巨大的露天煤矿，我们这才知道为什么这里被叫作黑戈壁。

据资料介绍，黑戈壁是一片非常广袤的无人区，位于内蒙古西北部，南临巴丹吉林沙漠，北与蒙古界山接壤，向西出明水古城，才能走出黑戈壁，进入新疆。

实际上黑戈壁不仅仅神秘，也并不仅仅荒凉和寂静，几年前，我曾有缘看了秦川老师拍摄的纪录片《黑戈壁·黑喇嘛》，对此地大致有所了解。当天晚上9点多，我们参观完黑戈壁陈列馆，听卫馆长如数家珍地讲解，对发生在这里的故事有了一些了解。据说，早在20世纪初斯文·赫定、贝格曼等就深入黑戈壁腹地探险，留下了令人震惊的文字记录，也让人从中知道了一位亡命丝绸古道的神秘人物——黑喇嘛。

图30　黑戈壁由戈壁滩上黑色的风凌石构成

黑喇嘛的碉堡山就在距离公婆泉不到2公里的地方。这里水草丰茂，泉水喷涌而出，滋养出戈壁深处一片小小的绿洲。从呼和浩特，经额济纳旗、公婆泉、明水古城至新疆哈密，这是从草原丝绸之路通往新疆最便捷的通道。所以，黑喇嘛修建了一座迷宫一样的巢穴，并筑起工事，设立关卡，一举把控住丝路上的交通要隘。

第二天，考察完汉代玉矿后，考察团一行便迫不及待地前往黑喇嘛碉堡山参观。

大约一个世纪前，一些商旅为躲避官府盘剥往往会铤而走险穿越黑戈壁贩货。一位杀人如麻的恶魔黑喇嘛聚集一伙江洋大盗

图31　碉堡山的战壕通岗楼与暗堡和指挥中心

图32　黑喇嘛碉堡山由相邻的数个山头构成了互相呼应的立体防御工事

就在这里盘踞了10多年。黑喇嘛是当地人对他的俗称，实际上他是俄罗斯卡尔梅克人，即乾隆年间土尔扈特东归后留在俄国的卫拉特蒙古人。他本名丹毕坚赞，是臭名昭著的国际大盗，早年带兵偷袭中国军队，并对居民大肆屠杀。由于他最早充当了蒙古国独立的急先锋，曾经在蒙古国一言九鼎，但因权欲极重不久便与蒙古高层交恶，后被俄罗斯政府投入监狱。出狱后流亡到马鬃山一带，耗费巨资，在此修建了一座迷宫一样的巢穴，并筑起工事，设立关卡，打劫商旅。由于黑喇嘛势力越来越大，蒙古国及苏联政府决定消灭这股大盗。1923年，蒙古红色政权派出一支600名精兵的分队追杀黑喇嘛，越界接近了他的据点。著名的肃反英雄巴勒丹道尔吉伪装成土匪，很快成为黑喇嘛的亲信。巴勒丹道尔吉采取计谋，装出快要病死的样子，诱黑喇嘛前来为他送行。当黑喇嘛俯下身想听他说最后遗言时，巴勒丹道尔吉突然将其刺杀，从此这股黑势力才销声匿迹，广阔无垠的黑戈壁又重归寂静。至今，黑喇嘛的头颅还完好无损地保存在俄罗斯圣彼得堡的建筑里，成为编号3394的珍藏品。

　　我们下车后，环顾四周，从眼前出现的城堡遗址看，这里曾是一座气势恢宏、易守难攻的军事要塞。在戈壁滩的旷野上几平方公里的地方，利用山势构建了分布密集的岗楼、碉堡、战壕，带有宽阔的护城河的城堡，由指挥中心向四周延伸，彼此绵延又相互对峙。蜿蜒的战壕从山头中开凿而过，有一两米高，每隔一段都有圆形掩体，虽已是断壁残垣，但从留有小方形的机枪射击口，仍可辨当年暗堡岗楼的原貌。

图33　碉堡山的射击孔

图34 碉堡山的瞭望孔

　　站在制高处，可以看到岗楼与暗堡、圆形掩体相间，岗楼与暗堡、碉堡城的指挥中心相通的战壕。战壕宽1米多，深有1至2米，内部利用地沟和黑色砾石片整齐叠砌。暗堡、掩体、岗楼均设置瞭望孔和射击孔，军事意图显著，各火力点布局合理，形成了较为严密的防卫体系。城堡内暗道纵横交错，机关密布，如同四通八达的网络，让人惊恐，望而生畏。

　　这座由防御设施组成的巨大城堡，易守难攻，三步一岗，五步一哨，前可以进攻，后可以退撤，四面还可相互配合，互为犄角。有一处残垣断壁比较集中的地方，坐北朝南，避风向阳，视野开阔，就是碉堡城的指挥中心，也是黑喇嘛丹毕坚赞的居所。

图35　碉堡山的指挥中心

　　这里连接大厅，依山势建有大大小小10余间厨房、营房、仓库、关押牢房等功能用房。

　　在指挥中心附近的山坡西侧，有大量生活垃圾形成的灰堆，显然黑喇嘛部落长期在这里倾倒生活垃圾。据说，黑喇嘛部人数最多时有1000多人，帐篷占据山下空地。回程途中，我们看到10余亩戈壁空地，有许多白色的小骨头，白茫茫一大片，时隐时现，相传是黑喇嘛部吃剩下的鸡、羊骨头，随着岁月流逝，有的风化，有的被风从沙石中吹出来。

　　意犹未尽的我和冯玉雷在第二天傍晚黄昏时分，又结伴第二次来到碉堡山，仔仔细细、里里外外、山上山下跑了个遍，也

图36　戈壁滩上的众多白骨

图37　有人用黑色砾石镶嵌出的"敦煌天杰"四个字

拍了不少照片，才终于把从纪录片中看到的用黑色砾石镶嵌出的"敦煌天杰"四个大字找到。时间过了很多年，而那四个大字却未被风沙掩盖，依然清晰可见。

夕阳西下，落日的余晖洒向黑喇嘛碉堡山，曾经的喧嚣都已落为沉寂。天色渐暗，远望苍茫的戈壁大地，目力所及的周围山丘上，一座座岗楼在夕阳的余晖里站成了剪影。我们走下城堡，曾经啸聚一方的黑喇嘛城堡如同消散在风里的往事，渐渐沉入无边夜色里，浸入宁静。

图38　落日的余晖洒满碉堡山，曾经的喧嚣都已落为沉寂

汉代玉矿

　　到马鬃山的目的，不仅是探查从额济纳到马鬃山的玉帛之路，更为重要的是寻找河西走廊西部的上古玉矿。这座位于酒泉肃北县的马鬃山玉矿遗址是此次考察的重要地点。

　　马鬃山玉矿遗址就在马鬃山镇外，距离小镇十几公里的地方，早先当地人曾发现一些散落的玉石和石制工具，后经甘肃省

图39　马鬃山玉矿遗址考古现场

考古队发掘，又发现房址、矿坑，还有大量铜箭头和陶片。据判断，这处遗址为汉代玉矿遗址。

资料显示：这是西北境内所见年代最早的一处古代玉矿遗址，于2007年第三次全国文物普查时发现，截至2012年共发掘了4次，发现包括灰坑、房址、石台基等各类遗迹40多处，出土玉料、陶器、水晶、骨器、石器、兽骨等遗物千余件。

在当地人的带领下，我们找到了那处玉矿遗址。站在一个稍高的山坡上，可以看到大体情景，不过，当年的遗址早被碎石荒草覆盖。当地提供的资料显示，玉矿遗址依矿脉走向呈西北至东

图40　马鬃山玉矿矿坑废弃后形成的自然堆积

图41　马鬃山玉矿遗址现场

图42　黑戈壁陈列馆馆长卫东国讲解马鬃山玉矿遗址发掘情况

南分布，东西约1公里，南北约5公里，总面积约5平方公里，已经确定有采矿区、生活作坊区、防御设施区，与之相对应的遗迹主要为矿坑、大房址、防御性建筑，在遗物上依次对应有石锤、石斧、石砍砸器等采矿工具，砺石、石锤等加工工具和陶器、铜饰等生活用品，铜镞、铁镞或铁矛头等武器。三类遗存在空间分布上呈现出延续性，在功能上体现出互补性。考察团成员说，目测马鬃山玉矿的材质以糖色为特征，这和齐家至战国出土玉器的材质十分相似，或许史前到战国时期相当多的玉料来自甘肃马鬃山和马衔山，而甘肃玉矿的地理位置更接近中原，比新疆南疆玉矿的地理位置更有优势。长久以来，甘肃玉矿一直被忽视，并未得到相应的重视，而这次考察进一步论证了齐家文化玉器的玉料主要来自马衔山，或许也有少量来自马鬃山。以马鬃山玉矿为代表的甘肃玉的再发现必将改写中国玉文化的历史。

图43　马鬃山玉矿遗址

图44　专家在马鬃山玉矿遗址进行现场实地考察

2007、2008连续两年，甘肃省文物考古研究所组织人员，先后对马鬃山玉矿遗址进行了两次大规模的考古发掘。2011年10至11月，甘肃省文物考古研究所在2007、2008年调查基础之上又对其进行了发掘。

不过，我们更多地想到一个问题，这座玉矿为何在汉代后渐渐悄无声息了呢？原因在于汉设立河西四郡，进而经营西域，新疆的和田玉就可以源源不断地沿着古老的丝绸之路从河西走廊东进中原了。马鬃山玉矿，因地处草原丝绸之路上，此地是汉军和匈奴人激烈拉锯的地区，生产加工难免受影响，再加之和田玉多为纯色的青玉和白玉，更为达官贵人所喜欢，所以马鬃山玉矿逐渐淡出了国人的视野。

玉门关边话玉石

　　这是一座并不陌生的关隘。唐人的诗句"春风不度玉门关"，将这个关隘与荒凉、别离联系在了一起，给它抹上了一层悲情的色彩。

　　茫茫荒原，无边无际，玉门关孤独地站在戈壁上。玉门关，俗称小方盘城，位于甘肃敦煌市西北70公里处。相传西汉时西域和田的美玉，经此关口进入中原，因此而得名。玉门关也简称玉关。

图45　敦煌河仓城遗址

清早，我们从敦煌出发，出敦煌市区，过七里镇，直奔玉门关。在小方盘城的西面，传说有个驿站叫马迷兔。

敦煌的朋友给我们讲了马迷兔的故事。和所有的民间故事一样，其内容大多经不住推敲，但人们还是爱听。马迷兔的故事也是如此，一开始就吸引了我们。

很早以前，贩运玉石的商队，一到马迷兔就出了问题。啥问题呢？被玉门关一带的地形困扰，总是迷路。据说玉门关一带沼泽遍布，沟壑纵横，森林蔽日，杂草丛生，商队行走十分不易。

戈壁滩上中午气温非常高，人们很少活动，商队也不例外，往往是中午休息，晚上赶路。到了马迷兔驿站附近，加上天黑，更是不知所向。最后到了什么程度呢？就连识途老马也不知道方向，所以也叫马迷途，结果人们以讹传讹，成了马迷兔。有一次，商队的一个小伙子救了一只大雁，为了报答救命之恩，那只大雁不仅把商队带出马迷兔，还指点商队在玉门关城门上方，镶嵌一块发光的墨玉，这样晚上赶路就不用再担心迷路了。这就是玉门关名字的来历。

小方盘城，有两个门，一个在西面，一个在北面，现在北门不能通行，只有西门供人们进出。城堡是用黄胶土版筑成的，城墙高9.7米，东西宽24米，南北宽26米多，面积630多平方米。

玉门关所在的位置，已经是疏勒河的下游了，这里是一个连接绿洲的关键点，北边不远处是哈拉湖，南边是盐泽沼泽地，再往南则是荒原戈壁。汉长城沿着疏勒河而筑，在这里分为两支：一支沿疏勒河而行，向罗布泊戈壁中延伸；一支在戈壁荒原中向南山方向延伸，这是一条不为人注意的塞墙，它连接着玉门关和阳关。如果我们把从黑河下游居延海到阳关，乃至南山的塞墙连

图46　玉门关位于疏勒河的下游,这里是一个连接绿洲的关键点

接起来看,这道雄伟防线等于在河西走廊最西端安装了一把大锁,将进犯的匈奴牢牢地堵在外面。

千百年的岁月烟尘,茫茫的戈壁荒原,一株株的芦苇,一块块的玉石,将玉门关写在苍凉的大地上,写在了我们的灵魂深处。这座因玉石而得名的名关要隘,在疏勒河畔,在水洼洼里,展现着它的风情。

结束马鬃山、玉门关的寻访,我们沿着古老的丝绸之路,顺着运送美玉的玉帛之路,一路向东,寻找下一个玉矿点,通渭碧玉,进而考察陇中玉帛之路的详细情形。

关陇道上寻玉踪

陇山这座横亘在陕西、甘肃两省之间的山脉，不仅以其山高而闻名，更以山路曲折交错而闻名。究竟有多少条古道穿越这座大山，至今无人可知。

2016年1月26日到2月3日，由文学人类学研究会、《丝绸之路》杂志社和中国甘肃网联合举办的"第九次玉帛之路关陇道考察活动"对关陇古道进行了全方位的考察。隆冬之际，我们组织的这次穿越古道的文化考察之旅，试图揭开丝绸之路最复杂路段的迷雾。

大地湾出土甘肃最早的玉

玉器是人们常见的一种艺术品，也是如今为很多人所喜欢的收藏品。在漫长的历史岁月中，我国逐渐形成了独特的玉文化，古文中有"宁为玉碎，不为瓦全""化干戈为玉帛""润泽以温""君子比德于玉"等句子，都和玉相关。

玉器的使用可以追溯到新石器时期。最新考证：在新石器时代早期，就有了玉器的出现，至今有1万年的历史。甘肃境内最早出土的玉器是天水大地湾二期出土的一枚玉凿。天水大地湾二期文化距今6000年左右。这枚玉凿，长4厘米，宽3厘米，厚0.8厘米，是一件实用器物。材料可能来自天水武山的鸳鸯玉矿。在玉门火烧沟也出土过一枚玉凿，是用优质的和田白玉制成的，属于史前玉器中玉质最优的一类，长14厘米，宽2.3厘米，从它的磨损程度看，是实用器物。这说明，玉器脱胎自石器，最初的功能和石器一样，也是为了实用。

玉器何时才用于祭祀，从考古资料看，大概到了距今四五千年，伴随着青铜工具的出现，玉器能够加工得更为精致，且能加工出较为大型的玉器之后，才被人们用来祭祀。

在甘肃地名中，不少地方和玉有关，比如玉门、碧玉、玉井、玉关等等，这些地名说明，甘肃不仅拥有玉文化，还由来已久，而且这些地方也曾是重要的产玉之地。据研究，全国的玉石产地有100余处，在甘肃就有10多处。其实，在新石器时代，仅仅靠部落之间的辗转交流，是无法满足各个部落对玉器的巨大需求的。经研究表明，人们辗转交换来的玉器，大多比较精美，主

图47　定西众甫博物馆收藏的齐家文化玉琮

要作为礼器，而众多部落需求量大的实用玉器就由当地玉矿出产的玉料来解决。古人说，玉，美石也，这就是人们最初对玉的认识。那些产美石的地方，就成为远古玉矿所在地。

玉帛之路的考察，就是围绕那些玉矿点而进行的。在甘肃通渭，有个叫碧玉的地方，据说曾经出产玉石。第九次玉帛之路文化考察，将重点考察通渭碧玉的玉矿及其运送玉石的通道——关陇古道。

图48　考察团成员在秦安大地湾博物馆合影

通渭：黄土深处藏"碧玉"

26日上午，第九次玉帛之路文化考察团一行从兰州出发，10点多到达通渭，首先参观了通渭县博物馆展出的齐家文化玉器，随后参观了当地收藏家的皮影博物馆及齐家玉器藏品。虽为私人馆藏，但石琮、权杖、石钺、石斧、玉璧、玉琮藏品数量和质量惊人，其中的一枚玉环就是以马衔山特产黄玉为原料的，可谓"宝贝在民间"。

图49　通渭县的一所民办博物馆，收藏有大量齐家文化玉石器，图为玉环

中午，我们了解到，通渭县有个叫碧玉镇的地方有玉矿，这里有碧玉河，还有碧玉关、玉关这样的地名。尤其是碧玉镇出产玉石的历史，应该一直溯源到4000年前的齐家文化时期。这给我们的考察增添了新的内容。

下午，我们驱车20余公里，拐入牛洛河河道，顺着岸边的乡间石头路跑了半个多小时，来到一处河滩上的村庄——牛洛村丁家河社。我们去拜访村里一位酷爱玉的老人——丁朝刚。丁朝刚家的院子里堆放着他从后山矿里背来的"玉石"块，等待打磨加工。堂屋里有一件深绿色的玉石雕琢成的玉鸟，其色泽有点像碧玉。这也许是玉矿里最好的玉料雕刻的，但不是马衔山透闪石玉料，其通透度和润泽的程度稍有不足。

图50 通渭县牛洛村丁家河社

　　离开村庄，在老人的带领下，我们前往村庄后面的大山去探访玉矿。考察团分两队，一路沿沟谷行进，另一路爬山前行。沟下是冰河积雪，沟上是积雪很厚的山路，每走一步都很费力，脚下不时打滑。行进了约1小时，沟下专家采集到了玉石标本。我们抬头看玉矿还在远处的半山腰，太阳快要落山，还需要考察另一地点，不得不下山返回。

　　当地村民说，玉矿是哪个年代开采的，谁也不知道，他们祖祖辈辈都在这里取玉石，用来刻章或做小摆件放在家中。丁生虎教授是鸡川人，他说小时候学校的老师专门用此石刻小章子，一直认为是石头，没想到有玉的成分。

图51　丁家沟的古堡依山而建

图52　考察团成员在丁家沟合影

"千种玛瑙万种玉"，专家考察后认为，这里虽玉矿资源丰富，产量较高，但从采集的半石半玉样本来看，因为成色较差，没有多大的经济价值，但有研究价值。

这里的玉矿大体沿着渭河东进，翻越华家岭后进入平凉，然后沿着泾河河谷通往关中。

月氏道与外文铅币：印证昔日古道繁华

此次关陇道考察，大体是沿泾渭两河流域行走的。28日上午，到庄浪考察后，途经云崖寺，翻越小关山，进入泾河流域，考察团又分别对华亭、崇信两个县进行了考察。

图53　崇信县博物馆外景

在崇信县博物馆考察时我们惊喜地发现，有一件铜母范背面刻有"月氏"二字，这引起了考察团成员的特别注意。月氏在人们的记忆里应该在很遥远的西部，那是张骞出使西域的目的地，怎么会在陇东泾河流域有月氏？

西汉初年，今天的河西走廊生活着乌孙、月氏等游牧民族。乌孙占据了河西走廊的西段，月氏占据着河西走廊的东段。后来月氏人遭遇匈奴的突袭，大部陆续西迁至中亚阿姆河以北的区域，少部分躲入祁连山，一部分流散各地。古代月氏西迁中亚是丝绸之路历史上的重大事件，对东西方交流产生了深远的影响。古代月氏西迁，从而引发了张骞出使西域，以及丝绸之路的全线贯通这一历史事件。

史书记载，在平凉曾有月氏道的建置，按照汉代行政区划规程，县有蛮夷曰道。显然，月氏道就是为了安置月氏余众而设立的。陶荣馆长告诉我们，月氏铜母范1989年在崇信黄寨乡何湾村庙家山出土，是全国唯一的一件。据考证，月氏道就在崇信县黄寨乡一带，月氏人在此铸造钱币。崇信出土的汉代铜钱母范上虽然仅有两个字，但是也足以说明当时有一批月氏人居住在靠近中原的陇东地区。

28日下午，考察团来到平凉市博物馆，又发现一对外文铅币，这是在灵台县中台镇发现的。目前全国发现有300多枚外文铅币，平凉就有274枚。发

图54　铜母范，背面刻有"月氏"二字

现的铅币直径5.5厘米，最厚1.2厘米，正面有像蟠螭的浮雕，背面阳铸外文一周，中有方形印记。博物馆的工作人员介绍，这是古安息国流传过来的货币，称为波斯铅币。查看资料，外文铅币就是汉王朝时期中亚、西亚国家和中国的贸易货币，属古丝绸之路货币体系，可见汉代西域与西方联系频繁，商贸交流畅通。此物是东西方文化交流的一个佐证。值得一提的是，我们在灵台县的博物馆看到了10枚铅币，整齐划一地摆放在一起。

月氏道和铅币见证了丝绸之路上人员和商贸的往来，是对丝绸之路最好的注释。

基于对崇信历史的认识和了解，2019年，由中国甘肃网出品三集纪录片《古道崇信》，也算是本次考察的重要派生成果，这充分体现了地方文化的再认识与再发掘对于理解丝路发生史的积极作用。

图55　冬天的崇信龙泉寺，旁边不远就是齐家文化遗址

图56 灵台博物馆的外文铅币

石道坡遗址：黄土大塬上的丝路古石道

谁能想到，在黄土大塬的庆阳，却有一段总长3000米的丝绸之路古道，令人惊讶！

图57 北石窟寺位于茹河和浦河交汇处

30日上午，考察团对位于茹河和浦河交汇处的北石窟寺进行了考察。

北石窟寺是陇东地区规模最大、保存最完整的一座石窟艺术宝库。与泾川县的南石窟同为北魏泾州刺史奚康生主持创建，是泾川南石窟寺的姊妹窟，丝路北道上的重要石窟。

丝绸之路的支线，自咸阳北上，过长武，进入董志原，直走西北方向，就能抵达宁夏的灵武一带。唐代安史之乱时，唐肃宗就是穿越董志原抵达灵州即位，然后号令天下。

北石窟寺区域是秦汉时期网状丝绸之路的重要节点。北石窟管理所吴正科所长，为人爽直，专业性强，得知我们此次考察属于玉帛之路文化之旅，他说要带领我们体验一下真正的丝绸之路。

图58　北石窟外景

图59 北石窟附近保存最长、最完好的一段丝绸之路古道——石道坡

　　跟随他的步伐，从北石窟往西南方向，约15分钟，我们来到两河交汇处的鹿山脚下的蒲河东岸，有一段从北石窟寺到董志原山顶延伸的丝绸古道，被当地人称为石道坡遗址，在全国来说其保存最长、最完整，具有很高的科考价值。

　　在上山时，我们看到石道接近河谷的地方被拦腰挖断，高2米有余。据说是宋代时为防西夏的骑兵由此道突袭而特意斩断。

　　据考证，石道坡为汉唐时期所修筑的关中通往西域的丝绸之路古道。公元25年，东汉史学家班彪避难河西，途经石道坡，途中留下千古佳作《北征赋》。在古道的石崖上，至今镌刻着元代署名"罗中"的诗文，年代已久，题记字迹模糊，诗文写道："今往藏龙伏虎地，偶闻鹿鸣凤临声。"虽短短十四字，却包含了鹿山、凤山、龙山三座山的地名。

石道开凿在红色的砂石崖上，长度323米，宽度最窄处约有1.5米，靠近崖边凿留有低矮的护墙，落差有五六十厘米。石道中间部位有独轮车辙碾过留下二三十厘米的深壕。石道呈"之"字形，在上山的第一个弯道，也许因为拐弯需更大的拉力与推力作用，形成两条更深的弧形车辙，吴所长把它称为"历史的转折点"。此弯过后，通过一段石板路，顺着山坡往上走，已看不出

图60　古道的石崖上，镌刻着元代署名"罗中"的文字

图61　石道接近河谷的地方被拦腰挖断，据说是宋代时为防西夏的骑兵而特意斩断

路了。再转个弯，一条沟壑的胡同路呈现在眼前，非常壮观。我们置身其中，有点挟裹的感觉。

　　在两河交汇的西侧石咀处有个鸡头山关卡，原有地面建筑物已荡然无存，在10多米高的崖壁上，仅遗存控制吊桥的石窟。石窟有一个南北向的主洞和两个从主洞向东伸出的副洞，北副洞向崖壁钻通一个瞭望孔，南副洞向崖壁钻通一个大孔做射箭孔，凿通两个朝地面倾斜的小孔做吊桥锁绳孔和起吊孔。南副洞墙壁发现刻有"贞祐七年十一月四日""天启六年五月二十二日"等题记。

虽然此道年久失修，废弃不用，但站在黄土山坡顶远眺三河口，面对着脚下缓缓流淌的蒲河，我们眼前仿佛浮现起往日车马喧嚣，独轮车夫行走此道的场景。

长满荒草的黄土高坡上，一条沉睡了千年、几乎要被人们遗忘的丝绸之路古道渐渐苏醒。近年来，庆阳北石窟寺以"弘扬莫高精神，坚定文化自信"为主题，对中小学有序免费开放，同时，地方上每年还要举办几次体验汉唐丝绸之路古道的活动，让他们在参与中感受历史的厚度与魅力。

从陇县到张家川：穿行在关陇古道上

2月1日上午，考察团对灵台县古密须国遗址考察后，驱车从灵台的黄土高原向关中平原进发，大约一整天都在路上行走，边走边停，沿途对千阳、陇县进行了简单考察。

下午6点左右，抵达陇县，考察团进行休整，做好明天翻越关山的准备。晚上，我们对前往张家川的关陇古道线路进行了规划：出陇县，走固关，翻越陇山，到达分水驿（马鹿乡东北10公里的老爷岭），沿马鹿、闫家店、弓门寨、樊河，经清水县城再到天水。

2日一大早，考察团从陇县出发，不久就到达固关。后继续前行，车过马道护林检查站，进入山谷村庄，路边村子里寥寥几户人家，皆为老式民居房屋，一看就知道有些年头了。

车过三桥村固关战斗烈士纪念碑，进入峡谷，两边山势陡立，绝壁千仞，路面开始变窄，阴坡道路上的积雪厚度达八九厘

图62 从灵台县前往千阳途中的窑洞，已无人居住，显得古老与沧桑

米，没有行人的足印和车辙，车轮时时侧滑，行驶异常艰难。大约行驶了500米，就被前方两个水泥方墩拦住去路，山道逶迤，只容三轮车通过。后来问路人才得知：上山路况很差，老爷岭冬天积雪厚度达一尺，所有车辆不能通行，方才明白古诗"关山六月犹凝霜，野老三春不见花"的意思。

我们被迫返回，只好选择从固关经大震关，走关山草原至马鹿。这段是陇县通往张家川的省道，是20世纪六七十年代在狭窄的河谷里依山势开辟出来的。群山延绵，曲流潺潺，怪石突兀，虽然不时有结冰路面，但过往车辆很多，皆小心行驶。路过《秋菊打官司》的外景拍摄地，这是一个缓坡地带，周围树木林立，大家感叹导演选景的独特眼光，称赞此举带动了此地旅游业的发展。

当车行到关山草原的驼铃谷，考察团成员皆被这里的景色吸引。此地自然景观奇特，有两个山体圆润的缓坡地带，冬日泛黄的草甸延至天际，在阳光照耀下格外显眼，一条小溪从中间蜿蜒流过，阴坡上被厚厚的白雪覆盖，阳坡山顶上成片的草甸、白雪与稀疏低矮的树木相间分布，往下树木慢慢变少，直到消失。放眼望去，远处的牛群和马群在山坡上吃草，悠闲自得。这里的地貌与阿尔卑斯山极为相似，给人极大的视觉冲击力。我想夏日这里必定是一幅色彩绚丽的风景图画。我们下车拍照，虽是冬日，景色单调，但这里山秀、雪冷、风硬，令人心旷神怡。据说，古

图63　雪后的关山草原驼铃谷全景

时出行西域的驼队翻越此关时常在此驻足小憩，为了祈求上苍护佑路途平安，驼队解驼铃系在树上，风吹铃响绕山谷，驼铃谷由此而得名。

车行近2小时，出了石槽沟终于告别有"秦都汉关"之称的陇县，告别了关山草原，进入甘肃天水张家川县。

世上原本没有路，走的人多了也就有了路。这句话用来形容关陇古道，最为贴切不过了。

关陇古道，究竟是何时有了路，怕是谁也说不清，或许至少可以追溯到1万多年前，因为在渭水河谷的武山就出土过远古先民的头骨化石。20世纪80年代，在甘肃武山县发现两具晚更新世中期智人头骨化石，他们生活在距今3.8万年前，要比同为晚期智人的山顶洞人（生活在距今1.8万年左右）还早2万年。可见，此时渭水河谷已有大批先民生活在此，自然也会有人穿越陇山往来。

不过，真正要说起关陇古道开发，就不能不说生活在这里的大地湾人，生活在这里的伏羲部落，他们应该是开发关陇古道的早期主力。

提到泾河、渭河，首先想到的是成语"泾渭分明"，那么泾河、渭河到底谁清谁浊呢？最后一致认为从源头上来说是泾清渭浊，但从交汇处来看则是泾浊渭清。泾河，发源于六盘山，系石山密林，唯有源头清水来，经黄土大塬于长武县入陕。而渭河发源地为陇中黄土丘陵沟壑，一路羸弱而匍匐前行，在进入秦岭与六盘山的崇山峻岭之后，突然惊涛拍岸，湍流跌宕，最后缓慢地流入了平坦宽阔的关中盆地。天水的王若冰称，关中或八百里秦川，又称渭河盆地或渭河下游地区。泾渭均流经黄土高原，泾渭的清浊因时而异，并不像人们想的那样分明。庆阳张多勇亦专论过泾河水浊原因：夏天或雨季泾渭皆浊，冬天或旱季泾渭皆清，一边干旱不雨而另一边下雨不止才会出现泾渭分明的现象。而在渭水和泾水之间的陇山中，不仅有河谷溪流，还有大量山间隘口。这些小路，在人们一次次的通行中逐渐变成了大道。因而，古人把翻越陇山的丝绸之路，称之为关陇大道、关陇古道，最晚在汉代即已开通，是一条中原地区连接西域的古道。

甘肃简称陇，就是源自陇山，因为甘肃在陇山以西，故而甘肃人将黄河以东地方，也称为陇右。甘肃有个秦州，还有陇山、陇阳、陇川等乡镇。而陕西简称秦，却有个陇县。可见秦陇密不可分。

古人说，"陇坻之隘，隔绝华戎"，"陇头流水，鸣声呜咽。遥望秦川，肝肠断绝"，"陇板满目皆千仞，唯有关山以秀媚"。登上陇山、翻越关山，意味着出了关中，正式踏上西去的丝绸之路，再向西行1100公里，就是阳关，人们又要唱"西出阳关无故人"了。

马家塬秦人琉璃杯

丝绸之路这条连接东西方的交通大动脉，使东方的丝绸沿着古道往西方传播，在西汉时，罗马的达官贵人就以能穿一套东方丝绸衣服而觉得荣耀。而在东方，人们则为用上西方的琉璃器而感到自豪。

从长安到罗马，漫长的丝绸之路也被不同地域的人们赋予了不同的称呼，从新疆和田往东到长安一段被称为玉石之路，而从中亚到长安一段则有琉璃之路之称，从阿富汗到埃及、希腊的路被称为青金石之路。不同的称呼，说明了这段丝绸之路上不同时期物品的交流类型，也说明了物品的流通方向。

在甘肃平凉庙庄战国墓葬遗址，不仅出土青铜器，而且还出土了蜻蜓眼琉璃珠。蜻蜓眼琉璃珠被专家认定就是史书中记载的隋侯之珠，是战国时期的国之六宝之一。庙庄战国墓葬实际上是个残墓，墓葬的前半部分已经垮塌到悬崖下边。墓葬的中间埋葬着墓主人，也就是人们所说的奴隶主。墓葬的两边有两个墓台，墓台与墓坑的夯土层一致。右侧墓台殉葬着一名男性奴隶，旁边摆着马头马蹄，生前好像是个御夫奴。左侧墓台殉葬着一个小孩，这是个八九岁的小孩，一个玉石锥横穿在其腰间骨内，可见，小孩是被奴隶主很凶残地杀死后埋葬的，这就是古代的杀殉。这座墓葬中出土有琉璃珠子57粒，发现它们的地方非常有意思，有16粒是在棺椁中发现的，紧挨着墓主的骨骸，无疑这是墓主人的配饰，另外41粒则是兵器的装饰。

蜻蜓眼琉璃珠来自埃及，人们又叫它善恶之眼，鱼目纹越多，表明其分辨善恶的能力越强大，是埃及人的一大发明。公元前1400年前后，琉璃珠沿着丝绸之路向东方逐渐扩散，到了公元前5世纪后，传到了西域。百年后，具有西方风格的琉璃珠就出现在黄河流域和长江流域的墓葬中了。这条线路是从中亚费尔干纳盆地、新疆轮台、山西太原、山西长子、河南郑州、河南洛阳，直达湖北随州。甘肃平凉则是琉璃经河西走廊东传的另一条线路。

在甘肃，不仅有琉璃珠，还有更为惊奇的琉璃器皿。这件惊世发现，就出土于我们要去的张家川马家塬遗址。马家塬遗址，面积约80万平方米，其中核心范围约3万平方米，共探明各型墓葬62座，是西周至战国时期的西戎王室家族墓地。遗址带有较为

图64　张家川博物馆的青铜茧壶

浓厚的北方、西亚少数民族风格和秦文化特色，对研究秦和戎的关系，北方、西亚古代民族史，中国古代中外民族文化交流、民族融合、冶金技术、科技史具有重要价值。

现场考察时，马家塬遗址出土的豪华车乘引起专家的高度关注，专家们认为其可能就是义渠王的豪华座驾。而出土的连珠纹琉璃杯造型和我们现在喝水的口杯相差无几，但比我们用的普通口杯要讲究许多，杯子通体饰淡蓝色釉，腹下部装饰七层连珠纹，敞口小平底，是带有穿越感的一件战国秦人器物。有人认为，这种杯子的造型多为地中海文明的形状，也就是说，在2000

图65　马家塬遗址发掘现场

图66　马家塬遗址发掘现场一角

图67　考察团在马家塬遗址合影

多年前的战国时期，这件产自地中海边的琉璃器皿就辗转流传到陇山西侧的张家川马家塬。无独有偶，在杭州的一个宋代墓地中也出土过一件类似的杯子，不过是一件水晶的，似乎是沿着海上丝绸之路来的。

离开张家川后，第九次玉帛之路关陇道考察活动进入尾声。参加这次考察的叶舒宪、易华等教授及省内的专家、学者和媒体记者一行12人，依次经过庄浪、华亭、崇信、镇原、泾川、灵台、陇县、千阳、张家川、清水县，最后抵达天水市。

整个考察行程9天，两次穿越关山，虽是隆冬，滴水成冰，但对考察来说不受影响，不仅有了新发现、新体验和新感受，而且对丝绸之路甘肃东段关陇古道有了更为明晰的认识，收获了很多鲜为人知的地方性历史文化故事。

探秘八百里渭河道

　　2016年2月的春节前夕，玉帛之路文化考察团完成了对泾河流域及关陇道的考察，在通渭县碧玉乡的玉矿进行探访后，下一个目标就是渭河道了。这就是同一年夏天第十次玉帛之路渭河道文化考察活动的缘起。同年7月18日下午，考察活动在渭河源头的渭源县正式启动。

　　18日清早，一场久违的好雨洗去多日的酷热，空气凉爽，山川碧绿，旅途无比惬意。上午8时，考察团成员冒雨离开兰州，走临洮，过会川。11时多，考察团途经渭河源所在地五竹镇后，抵达渭源县城。

　　渭源县是古老渭河的发源地，也是黄河上游古文化发祥地之一，境内融汇了仰韶文化、马家窑文化、齐家文化等三大古代文化。当日下午考察团先参观了渭源县博物馆，随后和当地人士举行座谈会暨活动启动仪式，这也就意味着第十次玉帛之路（渭河道）文化考察活动正式启动了。

　　第十次玉帛之路文化考察活动，由上海交通大学、文学人类学研究会甘肃分会主办，具体承办单位为《丝绸之路》杂志社和中国甘肃网，来自上海、陕西、新疆、四川、甘肃的叶舒宪、张天恩、朱鸿、李永平、李迎新、冯玉雷、张振宇、杨骊、王文元等专家学者参与此次考察。

　　此次为期8天的考察，将继续考察丝路东线之关陇道文化，以玉帛之路（渭河道）为主，探明齐家文化玉器沿渭河的延伸分布情况；以渭源、陇西、武山、甘谷、天水市麦积区、张家川、清水、秦安等陇右地区丰富多样的历史文化遗存为核心，重点关注龙文化、姓氏文化、始祖文化、伏羲文化、玉文化、石窟艺术等深切关联华夏文明缘起的重要课题。

　　渭河流域是解开中华民族文化源头的钥匙。学术界认为，大禹出自西羌，导河于积石，他的儿子启建立夏王朝；周人依托泾水、渭水发展了先进的农耕文化；秦人靠着渭水河谷，由西而东，建立了国家政权。

图68　前往渭源县考察途中

伏羲诞生于渭水流域，距今8000年的大地湾遗址同伏羲部落有密切关系，黄帝、炎帝出自清水轩辕谷，由此可见，渭河流域是中华远古文明的发源地。

寻迹渭河桥

距离兰州不远的渭源，以地处渭河源头而得名。渭河两岸拥有久远的历史、多彩的地理、丰富的文化。渭河上游是华夏文明重要的发祥地。可以这样说，中华民族的历史上，很多文化的兴起，就是围绕着渭河这条文化中轴线来进行的。华夏民族最鼎盛的周秦汉唐的辉煌，就是渭河流域孕育出的绚丽华章。

当日下午，考察团抵达渭源后先参观了渭源县博物馆，随后举行了启动仪式。在启动仪式上，各位专家学者对此次考察充满了信心，各抒己见。渭源县当地学者专家也讲了自己的体会和感受。县志办王枝正讲述了自己与玉结下不解之缘的故事：小时候，家里有个祖传的玉璧，他经常拿到手中玩，爱不释手。20世纪80年代初，那时工资才70元。到了成家立业的年龄，因经济拮据，在困难之际，就是这块玉卖了600多元，成就了好姻缘，给他带来了幸福与快乐，这让他感慨万千。中国民间类似这样的宝玉故事，不知还有多少，这充分说明中国人以玉为至宝的传统价值观。正是出于这样的华夏价值观，才不断驱动着玉文化长河滚滚向前，不绝如缕啊！

当天傍晚，考察团成员又在夜色中寻访了霸陵桥。这座甘肃为数不多的古代木桥，为渭水第一桥，也是渭河文化的见证。

渭源霸陵桥始建于明洪武年间，历经多次重修，如今成为全国独一无二的悬臂式纯木拱桥。洪武年间的灞陵桥是一个平桥，人们用木笼装入石块，作为基础，然后在上面放上木板。民国八年（1919），先后由渭源县知县黎之彦、马象乾等倡议主持，乡绅白玉端、徐立朝督工，陇西著名木工莫如珍掌尺，仿兰州雷河坛卧桥式样在南门口新址修建灞陵桥。

图69　渭水源头第一座纯木质叠梁拱桥——霸陵桥

可惜，民国九年（1920）地震后桥身有倾斜，到民国二十一年（1932），人们花了两年时间对其进行了修复，建成今天看到的纯木悬臂拱桥。灞陵

图70　渭源县霸陵桥启功题匾

桥全长40.2米，桥底部以每排10根粗壮圆木纵列11组，层层挑起，逐渐升高，桥面由中道与双侧挂栏共3部分组成，中道宽3米余，挂栏各宽约0.66米，呈踏步状通

图71　渭源县霸陵桥题匾

道，总宽不足5米。桥上有房屋15间，跨度27.1米，高15.4米，面宽4.48米，14排64柱（包括桥头屋8柱），为全国跨度最大的伸臂木梁桥。

桥上有左宗棠、于右任、蒋介石、孙科、杨虎城、林森、何应钦、汪精卫、徐显时等人的题匾、联语、碑文、诗文。从桥屋上桥，层层升高，到桥身变平，眺望南清河，近观桥上匾额，沧桑往事随之扑面而来。

探秘渭水源头

渭河从渭源发端，蜿蜒奔流800多公里，在中国的中部形成了一条由西向东的生命线，滋润着两岸沃土，造福着秦陇人民。

19日上午8时，玉帛之路文化考察团一行前往渭水源一探究竟。虽然渭河出在渭源，但具体的源头出自何处，却众说纷纭。目前流传较为广泛的有三源说：中源是发源于县南五竹山（豁豁山）的清源河，南源是发源于锹峪峡的锹峪河，北源是发源于鸟鼠山的禹河。不过，我们第一个目标却是五竹寺。

图72 登临五竹山，渭河源头山川地貌的走向一览无余

前一日还是滂沱大雨，山川雾气缭绕，19日早晨却是碧空如洗，阳光明媚。去五竹寺的路上，大家在车上议论着"鸟鼠同穴"的现象，谈笑风生，心情无比畅达。同行的县文化馆馆长杨斌告诉我们，要看清楚渭河的真正源头，只有登临五竹山，才能一览众山，看清山川地貌的走向。

出县城一路往南20多分钟，到五竹镇，拐入山中，沿山上的水泥路盘旋而上，缓缓驶向五竹山。在曲曲折折中，我们抵达山顶，装修一新的五竹寺山门出现在我们面前，朱红色大门，格外醒目。传说明朝建文帝遗臣郭节西逃隐居于此，并将南山的五色竹子移植于禅院，自号五竹僧而得名，现无从考证。

　　进入五竹寺，向南望去，群峰列翠，清流潺潺，远处西秦岭余脉露骨山高高耸立于群山之上，向西俯视，五竹镇临水依山，屋舍俨然，鸟鼠山紧靠其西。波光澄碧的水库、梯田、溪水和村舍，错落有致分布，就像串串珍珠点缀在这青山绿水间，仿佛置身于一幅浓浓的山水图卷中，颇具江南水乡景色。

　　在三清殿前，专家们指着远处海拔近4000米的西秦岭余脉——露骨山、三危山等给我们解说了当地露骨山的支脉豁豁山，就是渭河与洮河的分水岭，山南是洮河，山北则是渭河源头之一。不过，叶舒宪教授说，在渭河源头，还有一条名叫涧河的小河，向东南注入西汉水。这样一来，这里就是长江流域和黄河流域的分界线。时间有限，无法实地一探究竟，只能罗列于此了。

图73　五竹寺

图74　渭河源景区的"大禹导渭"处

　　随后，我们前往渭河源景区考察，这里便是渭河的中源清源河。进入渭河源景区，远远地看见一座大殿掩映在群山绿荫中，巍然屹立，金黄色的旗子迎风飘扬，听说三天前这里刚刚举办了民间祭祀活动，慕名而来的游人还真不少。穿过大殿，顺着弯弯曲曲的林间小道，大约10分钟，看到崖壁上仿刻清代陕甘总督左宗棠所书的"大禹导渭"四个字，遒劲潇洒。左宗棠题字下，此悬崖中有一线天，悬崖裂缝里涌出一股清泉，犹如刀劈斧削般，形成一个高二三十米、宽几米的石洞。爬上半山腰，踩着不规则的石头，脚下溪流很急，我们艰难行走，穿过山峰石洞后，豁然开朗，犹如世外桃源一般，一条小溪从山间流出。看来我们能到渭河源景区算是不虚此行。

渭河北源为禹河，出自鸟鼠山，是传统意义上的渭河源头。《尚书·禹贡》载："禹导渭自鸟鼠同穴山，渭水出焉。"《水经注》云："渭水出陇西首阳县渭谷亭南鸟鼠山。"鸟鼠同穴之山来自昆仑西顷，是一座名列经传的千古名山，"鸟鼠同穴"，鼠在内、鸟在外，同居一穴，和平共处，寓意和谐。相传大禹带当年杀死蚩尤的应龙到渭水源头鸟鼠同穴山，这里绝壁千仞，山上林木茂密，多有禽兽出没，残害百姓。在众多的天神中有位叫伯益的人，能懂各种鸟性兽语，帮助大禹赶走了禽兽。禹按照河伯送给他的治水地图画出治水路线，经历千辛万苦，渭源地区的洪水终于被治理平息了。禹见洪水平息后的鸟鼠同穴山坳有三眼清泉流出，就将此水定名为渭水，将三眼"品"字形的流泉作为渭水的发源。

图75 修葺一新的"夷齐古冢"

图76　一股清泉从石缝里流出，这就是渭河源头

首阳山上

渭源地处西秦岭山地和黄土高原之间，地形、地貌以及植被给我们两种截然不同的感受。在渭河源景区，我们看到的是西秦岭山脉的高大陡峻，山上往往植被密布。而在渭源县北部，山坡比较缓慢，山上植被比较稀少。这两种截然不同的地理现象，让考察团成员感叹不已。

离开渭河源后，我们下一个目标就是伯夷、叔齐墓。伯夷、叔齐作为商代遗民，为自己的理想，不食周粟而死，可谓求仁得仁，历来为人们所敬仰。我们走锹峪，然后转往县城东南面的首阳山。首阳山属渭源县莲峰镇，在县城东南34公里处，因九峰环峙、状如莲花而名莲峰山，又因马鹿成群出没于山林间，故俗称马鹿山。

民间传说，伯夷、叔齐在首阳山饿死。数千年来，这个故事成为文人恪守自己人格理想的典范。

在距离莲峰山4公里的地方，我们顺着正在修建的水泥路走了100多米远，路边两个高大封土就是上古贤士伯夷、叔齐墓，墓地在半山腰，极其幽静。在坟墓的一侧，立有清末左宗棠题写的墓碑。

图77　首阳山的伯夷、叔齐墓

封墓四周多见脸盆口粗细的杉树，这种树生长极其缓慢，正映衬出志士的高洁。

虽有左宗棠题词，但却无法揭开首阳山的迷雾。首阳山有六处之多，有辽西，有偃师，有和顺，有山西蒲坂，有陕西岐山，有渭源。可人们说，"天下六首阳，唯有渭源真"，这究竟是何故？

史载，伯夷、叔齐往西而行，那么只有甘肃、陕西两处了，而陕西岐山为周人故里，自然不大可能在那里，只有西行到渭源。

西北师范大学文学院范三畏教授认为，伯夷、叔齐采薇饿死之地就是甘肃渭源首阳山，主要论据以下五个方面：一是渭源首阳山自古就有其名说。据《渭源县志》记载：此地周秦时期为戎族领地。汉高祖二年（前205）由豲道分置首阳县，县因山得名，直到西魏文帝（551）始更名为渭源县。二是从地理位置说。《史记》中所录《采薇歌》曰："登彼西山兮，采其薇矣。"据史料记载周人很早就居住在泾水、渭水一带，因此，根据地理方位推断，唯渭源首阳山在镐京以西的地方，它才有资格称得上是西山。《定西史略》讲，二人"越过陇山进入甘肃，溯渭河西进，经今清水、秦安、通渭、陇西、渭源"。庄子言"二子北至于首阳之山"，此处"北至"之地，即为渭源首阳山。三是采薇说。《史记·伯夷传》："隐于首阳山，采薇而食之。"薇被当地人叫作蕨菜。渭源县首阳山一带雨量充足，气候阴湿寒冷，良好的土壤益于薇之生长。而他们采的薇，就是渭源的蕨菜。如今，渭源的蕨菜，闻名各地，传说就是上古高士采摘的薇，吃一口，清香淡雅，有韧性，耐嚼。四是文献说。现存大量的碑文、诗词、注解、考辨文字等都证实了甘肃渭源县首阳山的真实性。今天留存的渭源首阳山石碑达十几块，各类文字达10多万字。五是首阳县旧址说。离首阳山不远有一现属陇西县名曰首阳镇南门村大小堡子社的地方，人称熟羊城，其实就是古代的首阳县城。"熟羊"和"首阳"只是方言的讹传而已。

其他地方不管怎么争论，从历史资料来看，其地名要么有"首"没有"阳"，要么有"阳"没有"首"。而只有甘肃从汉代开始就有"首阳县"县治，县名的来源一定与当地的山、河，或者某个著名的特征有关，可以想象，是因为有首阳山而名，所以叫首阳县。伯夷、叔齐因守志而饿死于首阳，首阳山也就因贤圣而彰显其名了。

图78　伯夷、叔齐祠堂边长期居住的一个道士，长须挽发，古人装扮

伯夷、叔齐祠堂边有位道士，长须挽发，完全一副古人之装扮，幽默滑稽，《道德经》张口就来，颇有高古之气。或许，他也曾唱《采薇歌》，食蕨菜。

神秘西周方国

"这里或许是一个西周方国遗址。"当地人士这样猜测，那么是否就是如此呢？20日上午，考察团在陇西境内进行的考察，有了一个令人惊喜的发现，有一个疑似西周方国的地方。尽管这只是一个初步推断的观点，但仅此已足以令人兴奋了。

图79　陇西县西河滩遗址考察

　　我们早上8点离开渭源，赶往陇西西河滩。这是一段不算艰辛的路程，不过路并不好走。离开渭源县县城不久，就是一段施工中的坑坑洼洼的道路，走了十几分钟后，才上高速公路。由于中途又去了几个地方，到陇西西河滩时已经接近中午。

　　西河滩遗址位于陇西县巩昌镇园艺村西阙坪的一级台地，一面是西北铝加工厂，一面则是李家坪村。遗址东南两面被西河环绕，对面是火焰山，遗址范围南至西河，东接李家坪村庄，北至台地边沿，西接西北铝加工厂住宅区，南北400米，东西宽300米，文化层深0.5米，厚度0.5至1米。20世纪60年代，人们曾对这里进行过抢救性发掘。

遗址早已看不出几千年前的情景了。农田里刚刚浇过水不久，还有些潮湿，站在路边上，大地被苞谷、洋芋遮蔽得严严实实。曾经的发掘遗迹已经没有了，几千年前的周人生活印痕也早已被岁月的尘埃掩埋。

不过这些都难不倒经验丰富的考古学者，陕西省考古所的张天恩研究员，站在水泥路上，向四周打量了一番，这是他在看"风水"，就是判断古人在聚落选址时对阳光、水源、风向的选择。

果然，他打量一阵，就带头钻进苞谷地里。我发现他选择的方向，恰好对着遗址前面的一个大山的山嘴。跟着他穿过层层苞谷，眼前有一块大约200平方米的荒地，似乎耕作不久，农人们把深层的土壤翻上来，让太阳暴晒，以便积累养分。

大家散开在新翻的地里，细细寻找，试图发现些什么。很快就有了收获，有人发现了灰陶残片。大家在地面铺上东西，把发现的残片集中起来看，有一片似乎是灰陶鬲的残片。实际上，在1965年进行的局部发掘中，人们在这里发现有墓葬、窖穴、灰坑，出土了泥质灰陶罐、夹砂灰陶绳纹鬲、骨、石器等，这就是为配合西北铝加工厂的兴建而进行的那次发掘。

夏、商、周三代中，夏和周都是从西北崛起，进而占据了中原地区。周人在这一点上更为明显。同夏、商相比，周王朝进入奴隶社会的兴盛时期，社会生产力极度发达，从这些发现的西周大墓中出土的丰富的随葬品中，已证实了这一点。

在甘肃的西周考古中，陇西西河滩遗址的发掘比较有代表性，它是最早发现的西周遗址。这里所出土的东西，往往与生活有关，见证了西周农业和手工业的发展。

西河滩遗址出土的文物很有代表性，虽然至今没有见到西河滩遗址考古发掘报告，但出土有陶鬲、碗、盆、钵、罐、石纺轮、骨锥、骨针等器物，同时人们发现了藏东西的窖穴、房子、房址、墓葬和水井，尤其是一个三足陶鬲，属于典型的周代文物。这件制作精美的陶鬲，采用三角形的稳定结构，同时用了乳头状足的设计，增大了受热面。在墓地中，考古人员还清理了16座墓葬，都为仰身直肢葬，与周围的侧身屈肢葬明显不同，再加上出土陶器，无疑与关中西周墓葬类似，应属于周文化遗址。

这次发掘，加上甘肃榆中等地发现西周青铜器，说明一个事实，周文化已经到达甘肃中部地区。对于西河滩遗址，陕西省考古研究所研究员张天恩情有独钟。他长期关注周文化研究，西河滩是目前发现的分布最西的周人文化遗存，多年前他就想来此考察，可惜总是未能成行，这次算是圆了他的一个梦。张天恩研究员根据采集到的灰陶片、鬲的口沿判断，这应该是西周文化最西的一个遗址，也是周人的西部边界。从现场情况初步判断，这是一处非常重要的西周文化遗址，面积大，遗存丰富。

那么，究竟是什么人生活在这里，竟然留下了如此丰富的文化信息？这些信息将告诉我们一个什么的内涵呢？

面对这种情况，和我们同行的专家做出多种推测，有人认为这里是大周王朝的西部边防站，而同他们对峙的是寺洼文化的先民。因为这里也出土了一些寺洼文化类型遗址的器物。也有人认为，这里就是大周王朝的"玉门关"。而当地学者们提出了一个推断，他们认为这里应是西周一个方国的所在地。

事实是否如人们所推测的那样呢？那么甘肃究竟有哪些西周方国呢？

这里是渭河和西河相夹形成的台地，台地距西河床高20米，从台地断层看，以上为5米厚黄土堆积，以下15米为沙层。西河是陇西县城西部的一条河流，它不仅是陇西南部最大的一条河，也是孕育了陇西历史的一条河。据说，西河发源于陇西西南部的镢头山。这座海拔2700米的山，是陇西第一高峰。据去过那里的人说，镢头山属二阴气候，冬寒夏凉，植被保存得非常好，也是当地人夏天游玩的好地方。而西河的源头就是山腰中的一眼泉，沿途汇集了不少河流，其中有牟河、四店河等。这也是渭河的一个支流。

很快我们就从西河滩遗址中发现了它的与众不同。这里河水蜿蜒，居高临下，易守难攻，非常适宜作为聚落选址，而从那些出

图80　陇西县西河滩遗址考察团合影

土器物看，它们的拥有者并不是当地人，而是从其他地方来的。

拥有那些西周文化器物的西河滩人，究竟是什么人呢？

这就要从周人的兴起说起，周人自他们祖先不窋在庆阳发展农耕后，就逐渐发展壮大。可以这样说，后来周武王灭商，甘肃境内的方国和部族给他们提供了非常大的助力。

商代时期，甘肃境内的方国非常多，其中有豳国、密须国、姬周国、阮国、共国、吕国、黄国、奚、彭、虞、芮、西申等等。到了西周时期，甘肃境内的方国数量大为减少，一方面商人安置在后方牵制周人的方国为周人所灭。密须国、阮国、共国就是这样为周文王所灭。不过对有些方国，周人做得也不彻底。他们在灭了这些方国后，同时扶持了这些方国中倾向于周人的代理人。还有一些方国，因跟随周武王参加牧野之战有功，被分封到东方。

西周依旧沿用了商代的外服制度，但更加加强对属国的管理，制定了非常详细的属国管理办法。尤其是对边缘地区的属国，制定了更为详细的区分管理办法。人们所熟悉的占据重要战略位置的密须国（在甘肃灵台一带），就曾被先后灭了两次。第一次是在西周时期。公元前1057年，周文王为了伐商，剪除自己的敌对势力，以"密人不恭，敢拒大邦"和"吊民伐罪"为由，整军誓师出征，一举攻灭密须国。第二次是在周共王时期。密须国所在地理位置极为重要，是王畿西北的屏障，周王朝经营陇右的根基，也是联络西戎各个部落的枢纽。周共王时期，周王朝以密康公不献美女为由，灭密须国。

还有一个嬴秦方国由来已久，在东部的嬴秦部族一直倾向于商王朝。他们的部落首领甚至是商王朝重要的军事将领。不过，即便是在牧野之战时，西部的嬴秦方国，也没有给周人增添麻烦。后来，从东部迁来的秦人又和原先留在这里的人融合，他们也就成了后来秦人夺取天下的根基。

在这些方国中，有个方国值得我们重视，这就是西申。

西申国在甘肃东部。申侯势力非常庞大，且善于权谋，曾经向周孝王出主意，要他别立非子，即让非子别祖立宗，和西陲的秦人，分家过日子。这是周孝王时期的事。不过到了周幽王时期，也有申侯出面挽救了周王朝的法统。这两人，无疑就是申国的首领。

看过《封神榜》的人知道，其中有个申公豹，扶持商纣王，兴风作浪，和姜子牙等屡次作对。实际上，齐、许、申、吕、姜都是姜姓部落中的最主要大派系。申姓的封地在今河南南阳一带，而周宣王就是申侯的外甥。但是，分封在南阳的申国，原本是西方申族方国，他们被封到东方后，西方申国还存在，因此，被人们叫作西申。

周幽王要立褒姒所生的孩子伯服为太子，太子宜臼只能奔逃，他所奔逃的地方就是西申。因为宜臼是申侯的外孙。西申和西戎各部的关系非常好，他们和西汉水秦人联姻，也和各个部族交往，因而，在西部有着非常大的号召力。人们推断，这个西申，大概在今天的天水甘谷以西地区。

申侯在西戎各个部落中有着强大的号召力。他维护西周法统的行动得到了诸侯的支持。申侯不仅敢于发动对王室的进攻，而且成为善后的主要决策者，由此可见申侯的强大活动能力。最终，申侯策动犬戎进攻镐京。同时，他说动秦襄公，护送周平王到洛邑，最后扶持周平王登基。申侯成为这场动乱的最大受益者。

陇西西河滩所在位置，恰好就是甘谷以西的地方，而这里既和秦人相近，也和西戎各部来往频繁，而且有大量周人文化的器物出现，说明这个地方的人和都城镐京一带的周人有着非常密切的往来。

这个充满迷雾的西周方国是不是就是西申国呢？

事实并非如此，不少专家认为，此遗址范围广大，内涵丰富，重要性突出，但是否是方国遗址，还需要通过进一步发掘和研究来证实。

不过有个比较，从这里出土的器物就能看出差距。同样是西周方国的奚国，他们的管辖范围大体在今天灵台境内。1967年10月，人们在灵台白草坡先后发掘了8座西周墓、1座车马坑，共出土各种青铜器300多件，涵盖了当时人们生活的诸多方面，堪称"青铜王国"。

灵台白草坡出土的奚国青铜兵器，数量之大，造型之丰富，让人为之震惊。其中一件人头青铜戟，人头造型浓眉深目，高耳巨鼻，带着浓浓印欧白色人种特征，可见这里墓葬等级之高。

同样是方国，如果是西申的王城出土的器物，应该不仅仅是陶器和骨器，必须有大量的够得上级别的青铜器才能说明问题。显然，这里并不是王城所在地。神秘的西申依旧在迷雾之中。

不过，这个方国是如何被灭的呢？这似乎能从秦霸西戎中看出端倪来。

秦人争夺天下，不仅向东方开拓，也向西方开拓，而且是先西方而后东方。秦人向西，留下了任用天水人由余为丞相的传奇。

秦襄公时，秦人趁护送周平王东迁洛邑的时机，大力向东发展，可是，当时周平王给他们的只是一个空头支票，再加之遭受晋人的阻拦，秦人只好把重心又放回到巩固后方上。

到秦穆公时，任用由余，开地千里，主要征服了八个西戎部族，其中有狄、獂等。这是一个长期而艰难的任务，直到秦孝公时，才把西戎真正收服，将其变成秦人的力量。至今，狄道、长道这些地名，就是当时秦霸西戎的见证。

在甘谷以西的西申国，难免和秦人在争夺天下的路上发生冲突。或许，就是在秦霸西戎时，灭了这个曾经的盟友。

站在遗址上，我们向前眺望，山川依旧，烈日当空，数千年前的往事，早已为大地所隐藏。

暖泉山遗址

20日早上8点，考察团按照预定时间离开渭源，赶往陇西的首阳。

按照计划，考察团今天将重点考察梁家坪遗址、西河滩遗址、暖泉山遗址及李家龙宫、陇西博物馆等地。

位于陇西文峰镇边上的暖泉山遗址，藏在镇子边一个不为人知的角落里。我们顺着一条小巷来到镇外的村子里，然后爬上山腰的二级台地上，眼前一块略呈长方形的遗址，甘肃省省级文物保护碑赫然在目。遗址紧挨着暖泉沟，东西长400米，南北宽450米。这里的文化堆积层依次为仰韶文化、马家窑文化、齐家文化。

图81　陇西文峰镇暖泉山遗址

遗址上光秃秃的，稀稀拉拉胡乱生长着小草，比起前两处在农田中的遗址，这里给人一目了然的感受。不过，在这个遗址上还是有新发现。叶舒宪教授先是在路边黄土断崖上，距离崖顶5米左右的地方，发现了大面积的、连续性的白色石灰地面。专家们又在遗址上发现了大地湾二期的彩陶片，这是一块厚圆唇的彩陶盆残片。由此判断，这处遗址至少在距今6500年前。另外，还有庙底沟、石岭下、常山下及齐家等不同期的新石器和青铜时代早期遗存。可见，这是仅次于大地湾的一处重要新石器遗址。

从漳县学田坪眺望漳河

21日上午8时许，考察团离开陇西县城，向东南而行，直奔今天第一个目标——漳县。这里是齐家文化遗存比较丰富的地方。按照计划，考察团将在漳县考察几处遗址并参观博物馆。

图82　考察团成员在漳县学田坪遗址合影

图83　考察团在徐家坪-岳家遗址进行实地考察

图84　考察团成员在遗址现场拍照

　　从陇西到漳县，曾经要翻越大山，现在已有隧道通行，距离缩短了不少，时间节省得更多。9点多，我们就抵达漳县武阳镇新庄门村东南2公里的徐家坪，对学田坪遗址、徐家坪–岳家遗址进行了实地考察。

　　这两处遗址相距很近，暴露有灰坑和窑址遗迹。据说这两处遗址是20世纪六七十年代整修成梯田时发现的，从现场散落的夹砂红和泥质红陶片，网格纹、纹绳饰碎彩陶片，还有马路下面断面暴露的白灰面来看，专家们判断这是马家窑文化和齐家文化共存的遗址，遗址保存较好。

值得一提的是在徐家坪–岳家遗址斜下方约百米的河边台地上的"三王十国公"汪氏元墓群，属于国家级文物保护单位，系元朝陇右王汪世显及其子孙的墓葬群。它是目前国内发现的最大、最集中的一处元代（包括明代小部分）墓葬群，在国内文博界享有很高的学术研究价值。

站着这里，也能眺望漳河。漳河作为渭河的一级支流，发源于甘肃省漳县木寨岭，自西南向东，流经漳县境内大草滩、殪虎桥、三岔、盐井、武阳五个乡镇，于孙家峡流入武山县境内，后汇入渭河。从这两个遗址和漳河的位置来看，先民们都是依托这

图85　徐家坪–岳家遗址斜下方的汪氏元墓群

些古老的河流生活的，只不过后来河流下切或者河水逐渐减小的缘故，河道主流远离了这些聚落遗址，但它对这些聚落上生活着的先民们的滋养，却是功不可没的。漳河这条河流的秘密也在逐渐向我们展现开来。

战国时期，漳县隶属于秦陇西郡狄道县的管辖范围。到了东汉时期，这里是通往河西走廊和青藏高原的岔路口，地理位置极为重要。汉人认为这里可以当作汉王朝的西陲屏障，因此取名障县。对此，不仅汉人是这样认为的，后来的宋人也是这样认为的，这一点在王韶收复河湟之战以前，表现得尤为明显。障县这

图86　徐家坪-岳家遗址二级台地

个名称一直沿用到了唐代，武则天天授二年（691）更名为武阳县，属陇右道。到了明洪武年间因"漳水漤洞润地，宝井便民裕国"而改名漳县，沿用到了现在。不过，历史并不是直线状发展。从公元76年开始到20世纪60年代初，漳县建置经历了"五废六立"的曲折历程，对于一个延续约2000年的县来说，其间名称、管辖范围的变化，远远超出我们所讨论的话题，因而只能大概说说。

西秦岭在漳县地貌的变化中起到了决定性的作用，它的支脉自东向西横贯整个漳县，这也就导致漳县境内主要山脉的走向和西秦岭的走向必定要保持一致。这里我们所看到的山，基本上呈东西向或北西向。它们大体构成了三条带状的山脉，将漳县分为北、中、南三部分，北面是陇西台地南部边缘的马面山、旗杆山、华林山，中部则为露骨山、碧峰山、朝团山山脉，南部是木寨岭、岭罗山、大黑山山脉，而中南部两条带状山脉，则属于西秦岭地槽，由此也能看出漳县地貌的复杂性。

在这三条山脉之间，就是漳河和龙川河两个河谷地带，不论在过去还是现在，这里都是最适合人类居住的地方。事实证明，在这些河谷的二级台地上有大量史前文化遗存。从前面我们所去的两处遗址的分布来看，河流对远古人类居住地的选择有重要影响。

晋家坪的秘密

随后，考察团驱车40多公里，前往新寺镇的晋家坪遗址考察，这是此次考察的重点。新寺镇在漳县县城的南面，过了贵清山风景区的三岔路口几十分钟后，顺畅的道路变得拥堵了起来，我们来到了这个繁华热闹的集镇——新寺。这天正好逢集，十里八乡赶集的乡亲，使这个镇子如同过年一般热闹。新寺是一个古老而繁华的集镇，这里地处依山傍水的河谷地带，是通往天水、陇南、汉中、甘南、兰州和青海等地的交通要冲，自宋元以来就驰名陇上。新寺市井繁荣，商号林立，商家云集，也是陇南的商业重镇和重要的商品集散地，与岷县马坞镇、武山罗汉镇（今洛门镇）并称"陇南三镇"。

刚入集市，大家还有点新奇，隔着车窗不时拍下一些有趣的照片。路边的摊位一个挨着一个，不少摊位出售的货物是生活在城市中的我们好久都没有看到的。看，那是马笼头，那是镰刀，那是铡刀，集镇上的乡土气随着琳琅满目的货物瞬时扑面而来。

车在人流中非常缓慢地挤开一道缝隙，慢慢地向前挪动着，行走得异常艰难。路边摆摊的乡亲们也不时挑起支摊杆子，扯起绳子，帮我们通过。挪动了半个小时后，才算出了新寺镇。出镇，往前走不远，我们拐入一个狭窄的村道，慢慢向前行驶，然后上坪，穿过一个村子，在一所学校旁边停了下来。下车步行，拐上一个弯，是一大片的农田，极广，有一望无际的感觉。"晋家坪遗址"的文物保护碑就隐藏在草丛中。

我们一行人三三两两，顺着田埂在遗址上漫步，很快到达面积25万平方米的遗址。人越走越分散，东一个西一个。我不时走下田埂，试图能有所发现，但除了一些非常残破的陶片外，再无什么新发现了。10多分钟后，我们走出了田地，尽头却是一个异常开阔的河谷地带。这条河就是榜沙河，河谷边有个颇为繁华的集镇，那是武山的马力镇。

晋家坪遗址地处龙川河、榜沙河交汇处的三角洲二级台地坪上，东为王家楞社，南临榜沙河，西至晋坪社，北接乡村公路，东西长500米，南北宽约500米，面积25万平方米。在植被良好、流水充沛的古代，这里可谓是一个得天独厚的地方。一方面，这里两面临水，既方便了取水，又给防守带来了便利。另一方面，远古时期属于多雨期，河水经常泛滥，暴雨随时来袭，所以距离河边稍高的视野开阔、背风向阳的二级台地，既可防范洪水，又便于取水和耕作，这是先民们的最佳选择，尤其这样一个面积广大的坪地，为众多人口的生活提供了充足的空间。

图87　武山拉梢寺

漫步遗址，田间随处可见陶片，也有少量彩陶碎片，据说这里的文化层厚达3米，这真实地反映了先民们在这里的生活情况。专家们多年练就的火眼金睛，沿地头走走，就能发现石凿器、残石斧、像玉璧形状的石器等。由此，人们判断这个遗址规模应该非常大，其延续年代可上溯到6000年前，这在史前文明发展中很可能是一个有过独特影响和贡献的地方。

晋家坪遗址的地表及断面暴露有彩陶片、素面红陶片、残石斧等遗物，从遗物特征分析，该遗址为马家窑和齐家文化遗址的共存时期。实际上，这个遗址的下限一直延续到了汉代。

齐家先民们处在铜石并用时期，冶铜业的迅速发展是齐家文化的主要特点，全省各地众多的齐家遗址中出土了大量的铜器，涵盖了生活的各个方面，有铜匕首、铜削、铜手钏等。铜镜和铜斧显示了齐家文化在冶铜业上的巨大成就。那些铜镜，虽然单范铸造，但纹饰精美，显示了齐家人高超的制作技艺。

图88　晋家坪遗址

齐家文化遗址中出土的最大一件铜器是长15厘米的铜斧。在4000多年前，齐家的先民们挥舞着铜器生产劳作，他们居住在方形或圆形的半地穴房屋中，日常主要器具是彩陶，而装饰品也离不开那些彩陶。齐家先民制作了大量的玉器，玉器的使用极为兴盛，不仅有装饰品，也出现了玉璧、玉琮等大量的礼器，表明他们处在文明社会的前夜。

20世纪80年代中期，两个距今3.8万年前的人头骨化石在天水武山神秘出土，专家们将这两个人头骨化石命名为"武山人"。这是在武山县城西北鸳鸯镇苟家山村附近农田内出土的人头骨化石，也是天水境内发现的最早人类化石。就全省而言，旧石器时代原始先民的头骨化石也是不多见的，也有人把它们称为"鸳鸯人"。不管怎样，这说明在3.8万年前，已经有先民生活在这块土地上了。

因此，人们认为，武山人就是渭河流域的先民，他们从3.8万年前开始，沿渭河流域向上下游及各个支流扩散，如同火种一般引燃了渭河两岸的先民们的星星之火。如今渭河两岸的众多遗址和他们有着密不可分的关系。

于是，一部分武山人逆漳河而上，逐渐向上游扩散。或许，他们先到漳县县城边的古盐川，在那里发现了食盐，并且在学田坪一带定居了下来。也有一部分人逆榜沙河而上，在龙川河与榜沙河交汇的晋家坪定居下来。对生活在晋家坪一带的齐家先民来说，那些人可能是他们的先民了。

其实，沿着渭河向上游发展的不仅有武山人，而且还有后来的秦人。秦人在东进的同时也在不停地西进。秦穆公用由余谋伐戎王，益国十二，开地千里，遂霸西戎。显然，对当时地广人稀的西北部而言，秦人夺取了戎人的地盘后，无疑会增大边境的防守力量，分散秦人东进的实力。尽管他们对那些戎人小国实施了属国的管理方式，但实际上这些戎人小国一直在背后威胁着秦人的安全。直到秦人修筑了战国秦长城，驻扎一定兵力后，才彻底解除了戎人的威胁。其实，秦霸西戎有两个目的，一个是开疆拓土，另一个则是抢夺战略资源。长期以来，开疆拓土掩盖了秦人西进的本来目的。

秦霸西戎的背后，有着非常重要的战略目标，那就是控制漳县盐川食盐资源。周代时，这里生产的食盐就被称为戎盐。秦人西进夺取这里后，在此设立盐井寨，获此重要的战略物资产地后，秦人实力大为增强。据说，礼县盐官的盐产量，只有这里的五分之一，可见其价值。

这似乎扯远了，但实际并没有，古人和今人的战略眼光是一致的。或许玉器和铜器，也是齐家人的战略物资，一如秦人对盐井的重视一样。

我们站在悬崖边远眺，新寺镇尽收眼底，说不定此处遗址就是今天新寺镇最原始的前身。然而这一块连专家看了都大呼了不起的遗址，或许是路途遥远的缘故，或许是信息不畅所致，却少为人知。

沿着榜沙河而行

晋家坪遗址台地下面有条河，叫榜沙河，是渭河的支流。以河为界，河对岸便是武山县马力镇。榜沙河发源于岷县闾井乡，途经马力镇，在武山县丁家门村和漳河交汇，最后又在鸳鸯镇汇入渭河。

渭河，渭河文化，就是由这些河流滋养长大的。自古至今，古老的渭河两岸，孕育了无比璀璨的历史文化，浇灌着川道的沃野肥田，滋润着勤劳智慧的人民。但当我们目睹了这些河流真正面目后，却不能不令人叹息。

当我们从漳县离开后，车子驶入天定高速，专家们在车上四处张望，寻找心目中的"大"渭河，最后却发现像小溪一样的便是渭河，心中的叹息油然而起。几天前，考察时就有人说，渭河主河道的水量很小，有时会断流。至此，我们目睹了真正的渭河，才感受到了这一点。

过陇西文峰镇不久，车子便上了高速公路，很快我们又看到一段渭河，这就是武山鸳鸯镇附近的渭河。有人曾说，鸳鸯镇附近是两河交汇处，榜沙河在这里汇入渭河，但榜沙河的水量很大，远远超过渭河。很难说是榜沙河汇入了渭河，还是渭河汇入了榜沙河。榜沙河是四季河，也是渭河的四个最大支流之一，尤其在漳县水流量大。难怪漳县的人开玩笑说渭河的源头在漳县。

渭河作为载入史册的名河，也是黄河上最大的支流，渭河同时也接纳了太多的支流。可如今的渭河日渐干涸，显得有点萧条和落寞，只有在榜沙河的陪伴下，滔滔东去。

我想，这正是渭河的伟大之处，博大的胸怀，宽广的视野，以包容的态度一次次承载着太多的东西，赋予了两岸人民生命的养分。

不知不觉，车下了高速公路，武山到了。

武山鲵鱼纹瓶

考察团来到武山县城东新建成不久的武山县博物馆，这里馆藏众多，陈列着各类文物及标本。

在博物馆石岭下类型的展览区，我们看到了两件比较独特的鲵鱼纹彩陶瓶及一件鲵鱼纹盆。瓶子一大一小，大者为真品，出土于武山县傅家门村边的种谷台遗址；小者为复制品，真品藏于甘肃省博物馆，出土于甘谷县西坪遗址。

随后我们来到种谷台遗址，当地朋友介绍，种谷台遗址面积大约50万平方米，共出土文物近2000件。种谷台遗址最早的文化类型是属于新石器时代仰韶文化晚期（距今6000—5500），其后马家窑文化、齐家文化在这里薪火相传。站在台上，眼前是一眼望不到边的平地，正处在两山一河形成的扇形出口上。这里河谷宽阔，植被较好，想必为先民们提供了良好的生活条件。下种谷台穿过傅家门村，就是榜沙河了。种谷台自然是种谷子的台子，那么究竟是哪位先民

图89 武山县博物馆藏种谷台遗址出土的鲵鱼纹彩陶瓶

在这里种过谷子呢？

走在种谷台上，彩陶残片随处可见，文化遗存堆积厚达3米。种谷台曾有两次重大发现：第一次是1972年发现鲵鱼纹彩陶瓶；第二次是1991年至1993年发现了带有刻画符号的卜骨，这在中国史前考古领域内属首次。

此次考察最值得一提的就是鲵鱼纹彩陶瓶。种谷台遗址出土的这件彩陶瓶上的花纹是一条充满了神秘色彩的鲵鱼，它弯曲着身体，趴在彩陶瓶上。为了追求夸张效果，先民们将它的身体画成了宽大的弯月形，有八只足。鲵鱼纹彩陶瓶的发现说明5000年前，这里生态环境好，气候适宜，水量充沛，可以养活大量的先民。鲵鱼又名娃娃鱼，至今在甘肃天水市的曲溪林区中还有，当时或许是先民重点捕捞的对象。或许在种谷台就生活着一个捕捞鲵鱼、视鲵鱼为守护神的部落，他们把富于神秘色彩的鲵鱼纹画在彩陶上，作为祭祀崇拜的对象。这件鲵鱼纹彩陶瓶和甘谷县西坪遗址出土的双耳鲵鱼纹彩陶瓶，与《山海经·海内东经》等典籍中记载的"龙身人首"的伏羲形象完全一样，学术界普遍认为人面鲵鱼是人格化的人首龙身

图90 武山县博物馆藏鲵鱼纹彩陶瓶复制品（真品藏于甘肃省博物馆）

伏羲是父系氏族部落的一个首领，生活在大约距今5000年前。这时正是氏族部落融合的时期，作为部落首领，伏羲很聪明，他领导人们制嫁娶，教民渔猎，画八卦，造琴瑟，定官职……随着伏羲部落的壮大和迁徙，他们逐渐吞并许多弱小的部落。为了笼络人心，伏羲就把不同部落的图腾整合在一起，逐渐创造了龙的图案。一个简单的鲵鱼纹瓶，蕴含着无数的奥秘。

武山人头骨

在武山县博物馆，我们还看到武山人头骨化石。

20世纪80年代，人们在武山县鸳鸯镇苟家山村附近两次发现人头骨化石。第一次是在1984年的夏天，核工业部某地质队的地质工作者在勘测地质土层时，意外发现了一具抛落在田野的头盖骨化石，凭着多年的地质工作经验和对古生物化石的认识，

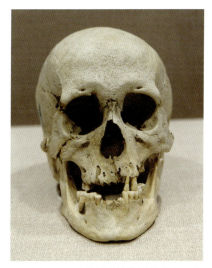

图91　武山县博物馆陈列的武山人头骨化石

他们意识到这可能是一具年代久远的古生物化石。第二次是在1987年，此时正值第二次全国文物普查，武山县文物工作者在距

前一具头骨化石1.2米处又发现了一具头骨化石，这具化石石化程度较好，较为完整，根据外部形态，专家确定这具化石为女子头骨化石。两具头骨化石都先后经兰州大学碳14检测，年代均在3.8万年前。

意外发现给这两具头骨化石笼罩了层层神秘色彩，这两个头骨之间究竟有没有关系呢？他们是伏羲的先祖吗？

武山人生活在距今3.8万年前的原始社会，他们生活的年代要比北京周口店的山顶洞人早2万年。

因为没有找到更多的材料，人们只能通过山顶洞人来认识武山人。3.8万年前，武山渭河流域一带的植被要比今天好得多，可以说是绿树葱茏，流水潺潺，处于母系时代的武山人已经能够制造简单的工具，掌握了磨光和打孔技术，过着捕猎生活，并能使用火。

武山人头骨化石的出土惊动了文物工作者和古生物专家。人们认为武山人头骨化石已经具备了早期蒙古人种的头骨形态。大地湾考古的最新发现表明，从距今6万年前开始，原始先民们就在这块土地上繁衍生息，薪火相传。武山境内不仅有武山人遗址，而且还有与大地湾文化一脉相承的石岭下仰韶文化遗址。可以这样说，包括今天天水、平凉等在内的甘肃东南部地区，是中国最早的开发地区，先民们在这里创造了丰富灿烂的史前文明。同时，大量的考证表明，甘肃天水及其周边地区是伏羲活动的主要范围，而伏羲活动在母系社会向父系社会的过渡阶段，距今5000年左右。

完全可以这样说，武山人在这块土地上创造了辉煌灿烂的文明，而伏羲部族正是这个文明的继承者和发扬光大者。从这个意义上说，武山人是伏羲的先祖丝毫不为过。

武山人头骨化石的发掘，为黄河流域远古文明史提供了新的物证，也为研究渭河流域人类的进化繁衍开辟了广阔的空间。后来，武山人走出大山，走向更为广阔的黄河流域，创造出灿烂辉煌的文明。

寻找石岭下

在武山县城，还有一家民间博物馆，这就是武山人王琦荣创办的石岭下彩陶博物馆，距离省级文物保护单位石岭下遗址仅仅1公里。

石岭下遗址最初发现于1947年。这是一种过渡性的文化层，为马家窑文化之前的一种文化，其特征接近于马家窑类型同时又有一些庙底沟的特征。因而，有人认为，马家窑文化类型是庙底

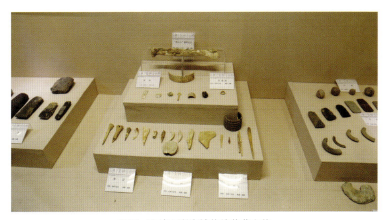

图92 石岭下彩陶博物馆收藏文物

沟类型发展起来的，将它视为马家窑类型的早期。按照原定计划，我们要去石岭下遗址探访，可是，天公不作美，因连日的阴雨，农田里泥泞不堪，无法行走，我们只能作罢。

王琦荣彩陶博物馆有藏品500多件，除了石岭下类型彩陶之外，也有其他文化类型的彩陶，基本上涵盖了中国史前文化的各个文化类型，从仰韶文化到石岭下、马家窑、马厂、半山再到齐家和沙井。

石岭下彩陶博物馆的藏品，吸引了考察团的目光。王琦荣介绍石岭下类型的遗存主要分布在渭河、葫芦河流域，以及西汉水、洮河流域，甚至到青海的东北部一带，其中心区域在今天武山一带，现被称为石岭下遗存的主要是指师赵村、西山坪、罗家沟、甘谷灰地儿、王家坪、渭水峪和静宁威戎镇及附属在石岭下遗址周边的大坪头、东汉坪、改家口、何家沟、石滩坪、傅家门、咀头等遗址。

我们在博物馆二楼看到了王琦荣搜罗到的流落于全国各地以及民间藏家手中的石岭下类型彩陶。这些石岭下类型的盆、剑口钵、灌壶瓶等，用它们身上的圆点、鱼纹、鸟纹、弧线纹、三角纹、蛙纹图案给我们展现着古老的文化。

就在我们这次考察结束后，王琦荣专门陪同叶舒宪教授到武山鸳鸯镇附近的玉矿进行了详细考察。

甘谷：秦人探源

考察团在21日奔波了一天，先后考察了漳县、武山两地，大家都略感疲惫。傍晚开始下起了细雨。22日早上8点，雨露未干，伴着小雨我们走甘谷。

30多公里的路程，还未进甘谷县城，专家就提议先到磐安镇中心的早期秦文化联合考古队看看，那里虽不在行程安排之中，但是值得一去。在磐安镇一个小学的院内，推开铁门，入眼就是排着长龙的塑料筐，里面放满了各种灰陶片。考古队在这里进行着陶片的年代排序。

随后，我们参观了二楼内的各种出土器物，本以为这样的环境，会看到几个老学究模样的人，没想到却是三个年轻人与专家们交流起来，他们正在对采样登记造册，得知专家们慕名而来，立即指引大家参观出土文物，虽然学生模样，讲起来却头头是道。

随后，我们又参观了磐安镇外的毛家坪车马坑。从磐安镇后面的电厂边，沿路上坪，往里面走，就能看到一处巨大的坪台。

图93　在磐安镇参观各种出土器物

这里地处山脉延伸的前沿地带，距离渭河有三四百米，高出河谷二三十米，这就是毛家坪了。

2012年11月30日，毛家坪再次引起了人们的关注。考古学家在这里发现了一辆春秋时期的战车。这辆车的车厢、车轮、车辕、车轭、马匹骨架都保存得比较完整，两马中间，还摆放着一件长约3米的长矛。可见，这是一辆具有实用价值的战车。这辆战车距今有2700至2600年，比张家川马家塬出土的战车早400多年，为研究西周、秦文化提供了重要线索和实物资料。车马坑内这辆先秦时期的车马，给我们这些寻访者展现着它们曾经叱咤风云的往事。

秦人的出现和朱圉山有关。朱圉是中国最早的地名之一。2500多年前成书的《禹贡》，是我国第一部地理学著作，书中曾提到了朱圉，它是大禹治水行程中的一个关键点，其中说："大禹导渭，至于太华、朱圉"。

朱圉山是一个极为广泛的概念，指西秦岭余脉在甘谷西南的大部分山峰。朱圉山是保存下来的上古时期地名。在远古时期，朱圉和成纪一样，是地理概念，指一个非常广泛的地域。千年之后，成纪由地域演变成具体的县域，最后消失在时间的长河中了。而朱圉则依旧保持着一个地域概念，但这也使它的真实面貌更为扑朔迷离。

甘谷县城边上人们还立有石碑，其附近有"禹奠朱圉"的摩崖石刻，此地是乡亲们眼中的小朱圉山。

我们直奔城西的朱圉山，依旧沿着316国道而行，走了不远，眼前就出现了红色的山崖。这些红色山崖就是朱圉山一名中"朱"的来历。朱是红色的意思。那么，圉是什么意思呢？圉是放牧的意思，在古文中同"圈"字，但在金文中却像个地牢中的奴隶，两者结合起来，就是放牧奴隶的意思。

朱圉山的意思就是红色山崖下放牧的奴隶。这些奴隶究竟是些什么人呢？这个谜团，困扰人们达数千年之久。几年前，夏商周断代工程专家组组长、首席科学家李学勤先生通过研究先秦典籍，对古地名朱圉进行考证，才得以揭开其中的秘密。在红色山崖下放牧的奴隶应该是秦人的祖先。秦人虽然建立庞大帝国，但他们先祖的起源一直扑朔迷离，就连司马迁的记载也语焉不详。大体上有东来说和西来说两种：东来说认为秦人源自东夷；西来说认为秦人源自西方，比如三危山等地。

李学勤先生依据秦简考证认为，秦人来自东夷。周朝建立后，把殷纣王的儿子武庚封在了山东曲阜一带，并派管叔等三人监督。谁知武庚却策动管叔等跟他一起造反。失败后，周王朝将部分造反者贬为奴隶，一部分被迁移到朱圉，为周人守卫西部边疆。这便是秦人西迁的缘由。可见，朱圉山便是因秦人先祖而命名的地方了。

既然朱圉山是为秦人先祖而命名的地方，那么，他们最早的落脚之地在什么地方呢？古籍中的朱圉，就是今天的朱圉山吗？

朱圉在古代有多种写法，我们就不一一列举。但有一点是肯定的，就在今天朱圉山的范围内。不过，后来就有了证据，这就是我们看到的毛家坪遗址。

毛家坪距离甘谷县城大约25公里，当地人也叫五十里铺。这里是渭河沿岸的二级台地。在面积达6万平方米的范围内，人们发现了从马家窑半山类型到战国时期前后时间延续七八百年之久的文化遗存。新中国成立前人们在这里就发现了古代文化

图94　毛家坪遗址

遗存，20世纪七八十年代还进行了一次考古发掘。人们发现
这里的遗存属于两种文化类型，一种属于秦文化遗存，另一
种则属于和秦文化并存而又不属于同一类型的文化，它们的形
状、图案和山东一带古遗址出土器物相类似，山东在古代的东
夷范围内。

　　毛家坪遗址出土的这辆战车及几十年前出土的器物，证实
这里曾经是秦人西迁的落脚之地。秦人把东夷文化印记带到了这
里，他们在红色悬崖的山下放牧马匹，开疆拓土，同周围其他部
族殊死搏杀，顽强生存。死后，他们便葬在此地，将来自东夷的
文化印痕埋入了地下。朱圉山也因他们而得名。

图95　考察团成员在毛家坪遗址合影

图96　毛家坪遗址出土的古代战车

2500年前，秦人曾经在此繁衍生息，转而向四周发展。距甘谷县古坡乡政府20公里处的深山中有连绵不绝的草原，这块位于礼县、甘谷、武山三县交界处的草原，被当地人称为九墩牧场，面积10多万亩。秦人利用这里2000多米高海拔的气候，培养出优良战马，成为他们争霸天下的资本。

站在毛家坪台地上，四周眺望，暮色苍茫，当年秦人在这里放马牧羊的情形早已不复存在了，仅留下毛家坪的这些生活痕迹，向我们展示着他们曾经的辉煌，他们创业的艰难。或许，当时生活于此的秦人根本想不到，八九百年后，有个叫嬴政的后人，建立了一个庞大的秦帝国。

麦积区探秘尖底瓶

中午时分，参观完甘谷博物馆后，考察团就匆匆赶往天水市麦积山区。到达天水市区时，雨总算消停下来了，车在麦积区的一处办公楼前停下。

刚下车，清新中带着花香的空气就瞬间将我们包围了。在甘肃所有的城市中，有陇上小江南之称的天水，举目四望，绿色入眼，令人心怡。在街道上走几步，湿润的空气就渗透到了身体的每个毛孔中，那是一种令人陶醉的感觉。

在麦积区先参观了博物馆，接着考察团专家们又举行了座谈会，和当地学术界人士进行了充分交流。按照计划，我们先参观麦积区博物馆，然后再去柴家坪。在麦积区博物馆的展厅，有三件尖底瓶并排放在一起，它们令人震撼地躺在那里，让我感到惊奇。

尖底瓶，是取水的？还是另有神秘用途？

对尖底瓶的认识，似乎是从中学历史开始的。还记得20多年前，中学老师讲尖底瓶，赞叹先民的创举，讲得神采飞扬。

尖底瓶，分为有耳、无耳两种。有耳用绳子吊着，无耳的就在展台上挖个洞摆放着。甘肃省博物馆曾展出一个尖底瓶，颈细长，腹大，底尖，绘着旋转的水涡纹，比例匀称，漂亮至极。这算是马家窑文化类型中的一件精品。

尖底瓶到底是做啥用的？有人说，这是欹器。欹器是一种用重心来调节平衡的器物，以实现"虚则欹，中则正，满则覆"的功能，但似乎不是。也有人说是取水工具，但似乎也不是这么回事。

首先，远古时，先民尚不能凿井，都从自然河道取水，显然无须如此复杂的工具，若取水只需用口大一点的罐子。其次，耳

图97　麦积山博物馆的三件尖底瓶

上拴绳提水，瓶将会倾倒，两手从耳上端着，岂不是非常费力，提水更是不便。

远古时，先民不会无缘无故去做一个器物的。在人力不足、物力匮乏的条件下，先民不会盲目地去搞什么形象工程，他们留下的器物，或为实用，或为礼器。

尖底瓶用于酿酒的可能性更大。曾读《中国文明起源新探》一书，作者苏秉琦先生说，尖底瓶不一定是汲水器，甲骨文的酉字，就有尖底瓶的形象。酉字和酒有着非常密切的关系。也有人言，尖底瓶多出现在干旱少水之地，与祭天、祈雨有关。最近有不少专家论证其为酒器，即酿酒和储酒之用。同时，也在一些尖底瓶底部发现酒的残留。《说文解字》说："酉，就也。八月黍成，可为酎酒。"而酒自古就是祭神的圣物。

想象先民们双手抱着瓶子，或围成一圈，举行虔诚的祭祀仪式，用酒祈求上苍，是多么令人震撼的一幕。

渭水河谷柴家坪：史前先民的面孔

总在不经意间，茫茫群山，哗哗河水，陡峭悬崖，就成了一段故事。23日，考察团从天水麦积区马跑泉出发，沿着渭水河谷，寻访渭河道。从早上8点到下午7点，我们奔走在河谷群山之间，眺望峡谷，寻访遗迹，有惊喜，有收获，有故事。

上午8时许，在麦积区委宣传部、文物局带领下，我们从麦积区出发，沿渭河北岸行走，出马跑泉镇，过一座水泥大桥，然后顺着公路一路前行。这是一条以险峻而闻名的公路——牛背公

图98 麦积区伯阳镇柴家坪附近的渭河

路，它在大山和峡谷之间寻找缝隙，见缝插针般地蜿蜒盘旋在大山和河流之间。尽管从天水到宝鸡的高速公路已经修通，但这条从古道改造而来的公路依旧很繁忙，不时有重载货车呼啸而过，据说走这条路可以省不少的过路费。

　　在到天水之前，我们在陇西附近就看到过渭河。之后，基本是沿着渭河进了天水。可是，陇西等地看到的渭河实在太小了，根本上没有汹涌的气势，只能算是涓涓细流。历史上，陇西一带的渭河曾经能够行走大木船，如今的这般景象让人难以想象，往日的渭河只留下了点点历史的记忆而已。

出马跑泉，渭河似乎一下猛然长大，水量大了不少，虽然无法同过去相比，但同上游相比，有了几分大河的风采。不仅水量变大了，河谷猛然收紧，在陇山和秦岭的威逼之下，原先宽阔达数十米乃至近百米的河道迅速变窄，最窄处不过二三十米。

我们沿着牛背公路向东，抵达的第一个遗址是柴家坪遗址。柴家坪是一个普普通通的小村，但正是这个不怎么有名的地方，曾经出土过一件令人震撼的文物——距今5000年的红陶人面塑像。我们曾在甘肃省博物馆内见过那件红陶人面塑像作品，它残高15.3厘米，宽14.6厘米，大体形状呈圆形，因而，整个脸庞看上去是圆面，而不是现在人脸的造型。由于是圆面，远古时期的雕塑家对它进行了精心加工，额头很窄，额上发际低压，下巴也很短，耳朵采用了写意手法，收缩在脸庞两侧。

在当地朋友的带领下，我们沿着公路，翻越一座大山，前行二三十分钟后，就到了柴家坪村。

柴家坪遗址在柴家坪村东的东坪河沿一带的第一台地上。5000年前柴家坪的先民生活的这块坪地，东起渭河畔，西至山脚，长约250米，南至断崖，北到渭河冲积断崖约650米，总面积约16万平方米。

四五十分钟后，车子行驶到山脚下，向左拐，驶入乡村便道，时间不长，就到村子里了。雨后的早上，村子里的土路泥泞不堪。村里非常安静，似乎没有人在意我们的到来。有朋友带路，我们东拐西拐，很快就穿村而过，在村子外的三岔路口前停住了脚步。这里盛产花牛苹果，农田中苹果树成片，田埂上却长满了一尺高的荒草。路边水渠蜿蜒，在水渠和农田之间，有一个三角形的地方，一块石碑被荒草掩盖了大半。

图99　柴家坪遗址发现的陶片，专家根据时间远近进行了排序

　　走近，扒开荒草，石碑上"柴家坪遗址"几个字赫然在目，我们要寻找的文物保护碑就在眼前。不过，石碑太矮，荒草太高，我站在田埂上无法拍到一张令人满意的照片，遂不顾水渠中的泥水，跳下去，才算拍到了一张自己满意的照片。

　　朋友们说，柴家坪遗址是甘肃省第一批文物保护单位，是一处相当大的古文化遗存。这个遗址的文化涵盖范围非常广，遗址中有墓葬，有活动场所，有聚落，可见在远古时期，这里曾经生活过一个规模庞大的部落。可惜，当年的一切都被厚厚的黄土层掩盖了。

　　找到石碑后，考察团在三岔路口处分散开来，有人直奔苹果园深处，看看有没有彩陶片之类的；有人则顺着大路直走，试图在更远的地方寻觅点什么；我与几位专家跟着当地的朋友，一头扎进两块苹果园之间的小路。虽说是小路，但严格意义算不上路，其实就是浇灌苹果园的小毛渠。似乎前一天才浇过水，小毛渠极其泥泞，走了几步鞋上就黏了厚厚的一层泥，走起来跌跌绊绊的。水渠不是很长，几分钟后，走完水渠，上了小路，在路边的草丛中抖去鞋上的泥，我们继续前行。

离开泥泞的水渠，这时的路却更加险要了。小路在农田下的一个缓坡上，而农田则紧挨着黄土悬崖，加之雨后，黄土有些松软，我们小心翼翼地踩上去，脚下有些颤颤巍巍，唯恐一不小心就滚落悬崖。好在最险要的地方只有四五步路。过了险要处，路就好走了很多。前面是一个拐弯的地方，已经有人停下了脚步，随即我们听到了惊叫声，一定是美景在前面，果然，这里是观景的绝佳处。

农田尽头，其实就是柴家坪的最边上了。在5000年前，这里紧靠着渭河。如今这里已经不算是挨着渭河了，因为经人们将柴家坪和渭河之间的大片滩涂改造成农田后，渭河被改道到了更远的山边。但这里仍然是一处眺望渭河的绝佳地点。

站在拐弯的最高处，曾经波澜壮阔的渭河就在我们面前，河谷中有正在辛勤劳作的人们、冒着青烟的农用车，似乎远方还有狗叫声，一切都很祥和、宁静，一如5000多年前生活在这里的原始先民们。他们以柴家坪为家园，在渭河水的滋养下，创造了灿烂多彩的史前文化，留下了那件精美绝伦的人面雕塑，令我们无限遐想。

柴家坪遗址出土的彩陶残片证实，这里北部多属仰韶文化、马家窑文化，南部除仰韶文化遗物外，多属齐家文化。可以说，这里是多种文化类型的繁衍发展之地。

马家窑文化是萌生于甘肃中东部地区的一种史前文化类型，它是深受距此地不远的大地湾文化的影响而形成的一种新石器晚期的文化，以最早发现在临洮马家窑村而得名。最初，它的发现者瑞典地质学家安特生将这个文化类型称之为"甘肃

图100 渭河河道上游相对平坦

仰韶文化", 这种认识在国内外产生了非常大的影响。20世纪60年代以前, 学术界一直使用这个名称。即便今天, 依旧有学者认为"马家窑文化是仰韶文化的一个地方分支"。然而, 大部分学者却不这样认为。1949年著名考古学家夏鼐在他的一篇文章中首次提出马家窑文化便是安特生所谓的"甘肃仰韶文化"。20世纪60年代初, 《新中国的考古收获》一书中正式把甘肃仰韶文化命名为马家窑文化, 这个观点遂逐渐被学术界普遍接受。

图101　渭河上废弃的公路

　　在悬崖边，我们停留了好大一阵，有人拍照留念，有人感慨，大有"念天地之悠悠"的感受。的确，在这个大自然用无数岁月冲刷、造化的河谷边，在5000年前先民生活的巨大遗址之前，人是很渺小的，同漫长岁月相比，似乎可以不计。

　　马家窑文化是一个分布极其广泛的文化类型。它东起甘肃泾川，西至青海同德，北到宁夏中卫，南到四川汶川。先民们活动在黄河上游的各大支流及长江流域的西汉水、白龙江、岷江等地域。

　　马家窑文化类型有一种很奇怪的现象，这是一支不断向西迁

图102 渭河旁的公路上不时有碎石从山间落下

移的文化类型，它们的早中期三个时期的遗存位置发生过改变，早期遗址都在渭河上游的天水、武山一带，后来逐渐变到了河湟地区，最后则到了河西走廊西部。这是一个从距今5000多年前开始，延续了千年的文化类型。其中究竟发生了怎样的变故呢？

我们再看看柴家坪出土的那个人面像，能不能给我们一些启示？这是一件人头形雕塑作品，似乎是某件器物的一部分，或是一个什么罐子的盖子。塑像人脸五官分明，颧骨突出，似乎是在半张着嘴微笑，鼻梁端挺，直通眉间，嘴唇较薄，张口呈核形，

图103 渭河上的火车桥，已成一道风景

两耳则用写意手法，巧妙地安插在了与腮部相接的地方。整个人面雕塑，五官比例准确，配置匀称协调，流露出深沉安详的神情。可见，远古的雕塑者深谙大道至简的道理，没有太多、太繁杂的技巧，似乎那个年代在雕塑上也不可能有多么高深的技巧，只是凭着本能，在一件小小的圆形泥坯上，心无旁骛地安置着眼耳鼻舌的位置，圆如杏核的眼睛，大如桃核的嘴巴，颧骨自然高高地突起，眼睛和嘴巴中间，则是突起的有个性的鼻子，用来增加人物的灵性。于是，一件精美绝伦的作品，便这样在不经意间问世了。

图104 渭河对面陈仓区的关桃园遗址，三面环水

心无旁骛，没有功利思想，自然就制作出了一件不带匠气的作品。5000年后，一看红陶人面塑像，就给我们似曾相识之感。有人评说："作为5000多年前的一件雕塑品，其艺术造诣达到的高度，令人惊叹。"

马家窑文化时期，制陶业空前发展。可以说，在众多的史前文化中，马家窑文化类型的彩陶首屈一指。5000年前的原始先民们不仅制作了难以数计的彩陶，而且在制陶工艺上也达到了很高的水平。

先民们制作的彩陶多是橙黄色和砖红色，从细腻的胎质上可以看出，他们制作彩陶的时候，对陶土进行了非常精细的筛选，很少有夹砂出现。同时，他们制作的彩陶器物类型也多种多样，不仅有生活器物，而且有鼓、铃等乐器，到了后期还出现了更加丰富多彩的器物，有葫芦形罐子、提梁罐、人面形壶、人像彩塑壶、斗形器等等。

在彩绘上，马家窑文化类型的彩陶、彩绘继承了大地湾文化后期的纹饰传统，形成了一种很典雅的风格。

所有的一切，似乎说明马家窑人的生活安定而富足，因为只有在生活安定的环境下才能对艺术有进一步的追求。

还有一个很奇怪的现象，不仅在柴家坪一地出现人面彩陶塑像，有明确记载的几件典型的人面彩陶雕塑，就发现在天水及其周边地区，其中有秦安大地湾遗址出土的人头器口匏形彩陶瓶、礼县高寺头遗址出土的红陶人头像、镇原县高庄遗址出土的人头形器盖钮。

大地湾遗址出土的人头形彩陶瓶，距今约5500年，高31.8厘米，口径4.5厘米，底径6.8厘米，为细泥红陶质地，是一件葫芦形的器物，似乎是史前部落用来装祭祀用的水的容器。先民用他们丰富的想象力和高超的雕塑技艺，巧妙地将彩陶瓶口部制作成一个圆雕人头像。而礼县高寺头出土的齐家文化红陶人头像，大体看造型似乎和大地湾的有点像，也是充分利用罐状器物口部，将其制作成人面造型，但又不完全一样。这个人头像向上仰着头，张着嘴，似乎遭遇了什么困难，祈求帮助。

以上四件器物出现的时间约在距今5500年到4000年之间，这难道是那个时期的流行时尚吗？这些人头塑像有两大共同点，其一都是器物口部，或者盖，或者钮，同器物是一个整体，用以展现它们的艺术魅力；其二是陶塑人像的造型，都是面孔方圆，前额低小，下巴不明显，这是典型的蒙古人种特征，而人种学研究也证实了这一点。

无论如何，这些先民的彩陶塑像，说明他们的生活安定从容。齐家文化的雕塑则充满了忧伤，是自然环境发生变化，还是有外敌入侵，人们就不得而知，唯独留下那些彩陶塑像，让我们见识着远古时期先民的形象。

天水伯阳镇老子停留处

离开柴家坪，继续沿河谷东行。我们计划沿途经过伯阳、元龙、吴砦等地后，去考察陕甘交界处的关桃园遗址。

图105　考察团成员在关桃园遗址合影

伯阳是渭水河谷中的一个小镇，不逢集便没有喧嚣，很安静。这里是尹喜故里，小镇对岸的柏林观是老子西行停留的地方，也是为纪念老子而修建的。

伯阳镇的名字就出自老子。老子姓李，名耳，字聃。其实，老子还有一字伯阳，也有人说老子谥伯阳。关于老子最后的去向，有多种说法，其中流传最广的则是老子骑青牛准备西出函谷关传道。就在老子路过函谷关的前一天晚上，函谷关关令尹喜看见有一团紫气从东方而来，大为惊奇，认为这是圣人到来的标志，这也是成语"紫气东来"的出处。果然，第二天，一老者骑一头青牛，在一小童的陪伴下，慢慢入关。尹喜拦住一叙，才知老者是老子。尹喜大喜，司马迁的原文是，关令尹喜曰："子将隐矣，强为我著书。"于是老子乃著书上下篇，言道德之意五千余言而去，莫知其所终。也就是说《道德经》五千言是通过尹喜传出的。后来，尹喜请老子到他故里修道。这样，老子才到了天水。

那么这个尹喜和柏林观有什么关系呢？尹喜的故里就在柏林观附近的尹道寺。史载，尹喜是先秦时上邽县（今天水市清水一带）人，尹喜的母亲姓鲁。尹喜喜欢坟、索、素、易之类的书，这些书是古代研究星象山川的书籍，故而他善于天文地理，才会望气术，看紫气而识老子。他曾在终南山修建茅庐，精思至道，大体位置在今周至楼观台一带，楼观就是尹喜观看星宿的高楼。周王闻之，拜其为大夫，后任函谷关令。《甘肃新通志》《秦州直隶新志》《天水县志》等书记载："尹喜故里，在县城东三十里之伯阳渠北山上，有尹道寺。"有人说关尹是周代官职名，先秦的典籍中多记载为关尹或关尹子，他并不叫尹喜。尹喜是汉代人们附会出来的说法。司马迁其实写的是"关尹喜曰",喜在这里是个动词,是喜欢的意思。

既然尹喜的故里就在附近,那我们就过去看个究竟吧!

距离柏林观10公里的地方,还有尹道寺,属于清水县陇东乡。尹道寺在一处更为偏僻的山坳,那里还有炼丹炉遗迹。推开山门,寺院非常小,二进院落内就是供奉尹喜的殿堂。门口一副对联:"华章九篇入百子,经文五千诵道德。"这说的就是尹喜的功绩。

伯阳一带的民间传说,尹喜接到老子后,伴随老子一路西行,先到了楼观台,在此抄录完了《道德经》,然后翻越关山,顺着清水陇东乡的教化沟过牛间里,最后抵达尹喜的故里——尹道寺。一天,老子师徒看到南面渭水河谷中气象不凡,有龙虎之态,便顺着溪流而下,来到渭水之滨的兴仁村一带,后来他们选准了柏林观的龙嘴子,在此结庐而居,讲经说法,开凿水渠。后来人们为了纪念老子,就把开凿的渠道取名伯阳渠。

至今,柏林观附近还有老子庵、讲经台遗址。伯阳又名伯阳渠,现在有些老人依然这么称呼。柏林观内曾有一株8人无法合抱的柏树,民间传说,这树就是老子亲手所植。

这些年关于老子的研究逐渐转向梳理老子西行之路。几年前,在甘肃省举行的"老子国际文化论坛"上,有专家认为临洮县凤台是老子逝世之地。人们举例,在临洮不仅有民间传说,也有古遗址。当地,自三国时起每年的3月28日都会祭拜老子,千百年来这个传统一直未断。明代杨继盛曾贬为临洮典史,他写道:"此台相传为老子飞升之所。"人们推测老子继续西行后,在渭水、洮水、湟水和居延泽一带,讲经传道,访伏羲、大禹等人的遗迹达17年之久，最后隐居并逝世（飞升）于古陇西邑东山凤台（今临洮岳麓山公园超然台）。

《庄子·养生主》曾说："老聃死，秦失吊之，三号而出。"可见，老子是在秦地去世的。甘肃省社科联原副主席、著名老子研究专家王凤显曾考证说老子归葬于敦煌三危山。他发现三危山上有汉砖，从而做出了这样的推断。王凤显认为，三危山老君堂为汉代所建，其主要目的是祭祀老子，唐代被改为老君堂。同时，三危山中还流传着关于老子骑青牛踩出泉水的民间故事，结合老子"没于流沙""老子犹堪绝大漠"等记述，他推断"老子归葬于敦煌三危山"。人们认为，老子"没于流沙"，实际上指的是河西走廊黑河下游。此外，还有一种说法，老子西行到了印度。

伯阳镇周围有关老子的传说和尹喜故里的遗迹证实，这个小镇或许是老子西行之路上的中继站。它将函谷关、楼观台、教化沟、尹道寺、伯阳镇、临洮、张掖、敦煌穿成了一条线，勾画出老子西行的脉络。这个脉络，虽然扑朔迷离，虽然是口口相传，但却也在逐渐清晰起来。

数千年来，传统文化就在口口相传中生生不息，在寻寻觅觅中扎根于我们脚下的土地。

关陇交界寻迹关桃园

过伯阳不远就是元龙了。在元龙东面，不远就是陕甘交界处了，那里曾有个秦陇界石碑。在这一带，陕甘两省以渭河为界，河北是陕西，河南是甘肃，陕甘两地隔河相望。

越往前走，山势越来越陡。路面不时有落石卧横路中央，甚至占去行车路面，车辆只能绕道而行。道路都是向山借路，曲曲折折，峰回路转。河面时宽时窄，最窄处水面不到10米，水流湍急，能听到哗哗声音。如果不是渭河，秦岭和陇山会相连接，渭河的南岸为秦岭，北面是陇山，也是天水麦积区和宝鸡陈仓区的天然分界线。车子拐弯，手机信号一会提醒进入陈仓区，一会提醒进入麦积区，相互交错。陇海线的火车桥不时出现在渭河之上，半个小时左右，一列列火车不时在桥梁、隧道洞中穿行，成为一道美丽的风景。

大约走了40分钟，车到了千年古镇——吴砦。据说，这里是三国蜀将马超和魏国大将张郃打仗的地方。这里也许是蜀国的边防站，当年马超只留少数部队在这里值守，因渭河两岸周围都是高大群山，道路艰险，突然发现大量魏兵从天而降，出现在吴寨，超出了想象，战斗力悬殊，马超部遂撤退。时间已过近2000年，从当年的哨所变成如今的现代村落，古镇吸引着众多游人。

大道沿着渭河蜿蜒通向东方，南边的山谷中又伸出一条大道，可以通往汉中。这里是地处甘肃、四川、陕西三省的咽喉要地，东达汉中，南通徽县，北抵关山，西连天水。吴砦也叫三岔城就由此而来。过三岔镇走不了多远，就是陕甘交界处的天水麦积区的三岔集村，我们在这里停留了片刻。同行的陕西省考古研究所考古专家张天恩研究员说，2002年，他曾经在此主持发掘了关桃园遗址，这个遗址中发现了大面积的前仰韶时期的文化层，出土了一批7000多年前的精美陶器、骨器及玉器。

车子驶过一个山势峻峭的急弯，突然发现在渭河北岸上凸起一块台地，背风向阳，三面环河，张天恩研究员告诉我们，这就是距今有7000多年，久负盛名的关桃园遗址。大家下车在此拍照。2002年，张天恩研究员带队亲手参与发掘，大约1年时间，便出了成果报告。这些遗存中最早的便是前仰韶时期的文化遗址，清理出了一批窖穴、灰坑及房子、墓葬等，出土了一批精美的陶器、骨器及个别的玉器。关桃园遗址紧邻陈仓区的拓石镇。关桃园原名官道塬，因为40多年前文物统计人员来这里调研，向当地老乡问地名，也许是发音或疏忽原因，文物统计人员误将"官道塬"写成"关桃园"，并上报国家部门已列项目，所以现在的文物界一直使用关桃园遗址，把一个有文化内涵的地名变得非常普通了。

拓石镇在河对岸，过桥，就算是告别了甘肃。这是个依山而建的小镇，从小镇的集市边穿过，沿水泥路而上，在紧挨着铁路的地方，便是遗址保护碑了。此处也是一个面山背河的地方，不时有火车呼啸而过，打破这里的宁静。

在乡间便道旁，我们不时能看到些极小的彩陶残片。考察团的专家便捡了数块前仰韶时期的残片，这是一种里面黑、外面红，带着细小纹路的彩陶。可惜，没有发现更多让人期待的东西。

进入陕西后，猛地就感受到了天气的炎热，气温至少要高出五六度，真是有些汗流浃背的感觉。这是一种闷热，和河西走廊的热截然不同。

离开关桃园，我们的下一个目标是陕西陇县，准备考察那里的博物馆，然后翻越关山，进入甘肃张家川。

通往陇县的路上

在拓石小镇上打听去陇县的道路，有人说好，有人说坏。最后，确定走西武当山、县功镇一线。2点多，离开拓石，进入林区。山路盘旋，景色极其优美。可惜，由于旅途劳顿，不少人在昏昏欲睡中错失了欣赏美景的机会。

在麦积区龙凤村附近，我们发现了以前在石壁上开凿的公路石洞，半崖半路，异常险峻，下面就是四五十米宽的渭河。现在开通了新的隧道，所以原公路遗弃不用。

在虎头峡隧道旁边，距离河面约1米的地方，能够清楚地看到一排栈道的小方孔，说明渭河以前有军队或商人通过。能够拍到以前渭水边老公路和栈道的遗迹，这也是一个小小的收获。

2小时后，车到山顶，在一处西武当山的牌坊前停下，大家在此休息了片刻，一部分人在路边，一部分人仍顺着山路寻觅。忽然，就听见一阵杂沓的脚步声。只见，考察团的一位穿短袖的彪形大汉，顺着山路疾奔而下，边走边挥舞双手。后面，三五位成员也喊叫着跑了下来。一看，他们后面竟是十几只飞蝇，嗡嗡叫着追了过来。原来，他们误入飞蝇的领地，于是就发生了这一幕故事。

继续前行，基本是下坡路，弯多路窄，幸亏邵师傅驾车技艺高超。5点多终于抵达了县功镇，上高速，直奔陇县。

在考古学家张天恩的联系下，我们参观了陇县博物馆。博物馆虽然外表简陋，可藏品极其丰富。进门先看到的就是青铜器，然后一排排的彩陶、灰陶、铁剑，令人目不暇接。最精美的要数春秋铜虎、战国青铜镜、唐代镇墓兽等国宝级文物了。

此次穿越渭河峡谷，我对丝绸之路有了更新的认识：从渭河沿线的文物遗存来看，先民们沿河而居，活动范围小，少数人跋山涉水，有可能走渭河道；而在汉代以后，丝绸之路开始了繁忙的大规模运输，商人的驼队和马匹要进入陇中或陇南地区，能翻越关山大道。

第二天，我们将翻越关陇道，会有更多的惊喜等着大家。

穿越关陇道

24日，由陇县到张家川的途中，从马鹿徒步至老爷岭，踏上这条中原向西的大通道——关陇古道。旅途中不仅有新发现和体验，而且让我对丝绸之路有了更为深刻的感受。

陕甘之间，一条巨大的山脉，从北而南，纵横分割。这山，便是陇山。自古以来，人们把翻越陇山的古道称为关陇古道。老爷岭，就是关陇古道上最为传奇的一个地方。

早上8点，我们离开陇县县城。在陕甘一带，早餐是最好解决的，甘肃一碗牛肉面，陕西自然就是一大碗羊肉泡。陕西的朋友们多次来陇县，知道哪里有最好的羊肉泡，果然，跟着他们直奔陇县汽车站边的一家羊肉泡。刚进门，看到情形就让我吃了一惊。大厅里人满满当当，不少人一手提着小盆般大的饼子，一手在撕饼子，这是陕西羊肉泡的吃法。

匆匆吃过饭，我们又在路边买了两个西瓜，十几个大饼，作为翻山的必要准备。然后，车出县城往西，便赶往25公里外的固关镇。固关镇是陇县西部的一个大镇，也是关陇道上的一个节点，自古为兵家必争之地。

1949年，王震指挥部队在此击溃国民党马继援部的精锐骑兵，彻底令马继援等胆寒，为进军甘肃、解放兰州扫清了障碍。

陇县地处山区，大体上是关中盆地和陇山的结合部。陇山，有大陇山和小陇山之别。我们要翻越的是小陇山，其实就是六盘山南段的别称，古称陇坂、陇坻。它从陕西省陇县西南延伸至陕甘边境，接近南北走向，绵延约100公里，主要由大理岩、片麻岩、凝灰岩构成，海拔2000米左右。整个陇山山势陡峻，为渭河平原与陇西高原的分界。

古人翻越陇山，有秦家源古道、咸宜关道和关陇古道三条路线。唯独关陇古道最有历史文化内涵。

图106 途经固关镇

关陇古道从固关镇而来，翻越陇山，到达马鹿镇，然后分为南北两支，向西北的一条，经闫家店、弓门寨（今恭门镇）、张川镇、龙山镇、秦安陇城，西行经秦安县到达天水；另一条南下弓门寨、樊河，经清水县城再到天水。

过固关镇后，山路更加崎岖。按照计划，我们要在公路尽头停车，据说那里距离关山老爷岭只有五六里的路程，然后徒步翻山，抵达张家川县马鹿镇。这样，我们就能真切地体验到古人翻越关山的真实心境了。这对于我们而言，也是一条最为理想的路线。可惜，我们的打算很快就被无情的现实粉碎。

过了固关战斗纪念碑，山路上的车忽然少了。路边的标牌显示，我们已经进入了林区。大家庆幸，这下终于可以顺利沿着关陇古道，翻越关山老爷岭。走不了多远，路上就发现了一处水泥路障。这是一种山区常见的路障，两个硕大的水泥桩子矗立在路的两边，中间可以通过三马子之类的农用车。我们的车一晃而过。走了十多分钟后，山路越来越陡峭，路边也没有什么村庄了，行人更是寥寥。

很快，又一个路障出现了。这个路障有些与众不同。这是两个对立的铁栅栏，只给公路留了极其狭窄的通道，只能允许很窄的小车通过，我们乘坐的这种中巴车就无能为力了。大家在铁栅栏前折腾半天，想尽办法也没招。据说，上一次考察团翻越陇山的计划，也是在这里受阻于大雪，最后以失败告终。这种情形，让我们为接下来的计划担心，这一次穿越关陇道的愿望，还能不能实现呢？

前行无路，只能后退，下山返回固关镇再做打算。此时，唯一的希望寄托在了马鹿镇那边。很快，我们就联系到了张家川的朋友，他们正准备前往马鹿镇，等待与我们汇合。不过，据他们说，张家川也是细雨霏霏，但这种天气，似乎不影响我们攀登老爷岭，这让大家放心了不少。

原路返回固关镇，我们沿着一条国道，在陇山各个山谷中穿行。这似乎是一条专门为旅游而修建的路，所走过的地方都是风景绝美之地。公路最高处，还有一处关山马场。

最早有目的开发关山的人，应当是秦人。秦人原本在东方，周朝初年被流放到西北，起初在甘谷一带生活，后来其中心又发展到了礼县一带。此时，秦人才算是真正在西北戎人的夹缝中立足了。即便如此，秦人也多次遭受重大打击。后来，秦非子为周王养马有功，秦人分宗，然后才开始翻越关山，开拓张家川一带，关山马场从那时起就是秦人重要的养马之地。

此时虽然是盛夏，但在关山之中，却感觉不到炎热。在公路边，我们一行人暂做歇息，只见山中绿草如茵，绿得让人一看就不忍离去。四下里的草原一眼望不到边，草地上成群的牛马在悠闲漫步，黑色的骏马，黄色的犍牛，唯独看不到羊群，似乎这里还继承了秦人善于养马养牛的传统。

这条路和我们要翻越的关陇古道殊途同归。似乎，关陇古道走的是直线，这条道路则相对蜿蜒迂回。

中午12点多，我们抵达张家川马鹿镇，和当地文化部门的朋友们汇合。此时，得到一个确凿的消息：马鹿镇通往关山老爷庙的路能通行。这真是一个好消息。

没有太多的寒暄，我们就再次出发了。通往老爷岭的路，就在马鹿镇边，路况不好不坏。我们走的都是乡间砂石路，刚下过大雨，地上湿漉漉的，天上的云层很低，似乎有些风雨将要来临的感觉。山中，看不到大片的裸露黄土，入眼的只有绿色，各种野花以及牛、羊、马。

山路崎岖，车行缓慢。下午1点多钟，总算抵达了前进营地。这里有一个丁字状的山沟，是从山中延伸下来的一条大沟，直冲冲地和我们所在的山沟突然交会到了一起，交会处有一个宽阔的平台，正好停放车辆。

向导王成科老先生说，这里距离关山顶的老爷庙大约有2.5公里路。下车，吃了点西瓜、大饼，算是午餐，然后我们就开始了登山之路。

此时，景色又是不同。山间风景极美，有点欧阳修笔下的"野芳发而幽香，佳木秀而繁阴"的感觉。一路上，不时能见到牛羊，它们站立在草原上，如同珍珠撒在绿毯上。而草原上的骏马则要调皮许多，它们时而仰头四望，时而低首觅草。小雨丝丝，似下非下。大家对翻越关陇古道寄予了很大的希望，自然，准备得也非常充分。大家纷纷穿上了长袖衣衫，带上了雨伞。

沿着山坡缓慢而上，山路并不难行，一条溪水顺着山势哗哗向下流淌，这难道就是诗歌中所唱的"陇头水"吗？走了二三十分钟后，前面又出现了两个山谷。带路的王老先生说，这两条路都能通到老爷庙，一条绕得远一点，一条近一点，远者道路平坦，近者道路崎岖，相对难行。之后老人又补说了一句："近的路上有古代关陇道的遗迹石板路呢！"自然，大家皆毫不犹豫地选择了近路。

近路，果然要陡峭许多，越往前，越难走。跨过小溪，走不了多远就是大片沼泽地，好在这里山坡比较陡峭，水大多流入山谷，汇成溪流，看似沼泽，实际上水仅能没过鞋口。奇怪的是，沼泽地中树木却非常多，而且还非常大。

　　我们在树林中、在沼泽中慢慢穿行。忽然，有人喊，石板路。顺着喊声往前看，果然看到散落在丛林中的石块，它们依次排列，在山坡上向前延伸。这处古道遗迹长两三百米，宽3米许。石块原先应是平整的石板，或许在无数车马行人的碾压踩踏之下，分裂成了石块，如今又被厚厚的尘土、碧绿的草丛遮盖，只有这些石块露出了地面，向人们诉说着曾经的往事。从石块和道路上的大树来看，它们已然历尽沧桑。

图107　关山草原驼铃谷景色

　　沿着古道遗迹，我们慢慢向山顶攀登。越接近山顶，山路的坡度越陡峭，路最后变成了一个深深的大沟。这大沟就是2000多年来人踩马踏、车碾风吹之后形成的。

图108　考察团成员在古石道上艰难行走

　　我们尽力向山顶上爬去，然后顺着山顶往前而行。山顶上，视野自然开阔了许多，半山腰上的牛羊历历可数。而出发时，严整的队伍现在则拉成了长龙，前面速度快的人早已到了山顶，后面进展缓慢的人却还在半山腰。远方的山坡上出现两座建筑，一新一旧，新的似乎是电信局发射塔基站，旧的是一个小庙宇，听王老说，这就是老爷庙了。鼓足气力，奋力向山顶攀登，十几分钟后，我们就到了老爷庙前。

　　老爷庙所在位置正好在关山山梁之上，绵延起伏的关山在这里有一段凹陷，地形类似于马鞍状。关陇古道自东而来，然后翻越关山后，向西而去。老爷庙紧挨着关陇古道的北侧，这座庙曾被很多人写入笔记中，其实这是一个非常小的庙，只有两间起脊瓦房，一圈篱笆墙，给人"采菊东篱下，悠然见南山"的感觉。这座山间最为寂静的小庙，自然也看不到了当年来来往往的商旅使节。或许是修通了新建的公路，才让关陇古道彻底寂静了下来，传说中的有仁人之风的老人也消失在岁月深处了。

老爷庙，在翻越关陇古道的人心中，似乎如同大槐树对山西移民一样，是离别家园的一种标志。《元和郡县图志·秦州》记载："陇坂九回，不知高几里，每山东人西役，升此瞻望，莫不悲思。"

或许，老爷庙前的小米粥就是故园留给他们的最后记忆。许多充满离愁的《陇头水》就是途经这里所作。翻阅古诗词，大凡和陇头吟、陇头水有关的词，多写的是悲伤离别："陇头流水，呜声幽咽。遥望秦川，心肝断绝！""西上陇坂，羊肠九

图109 王成科老人带领考察团成员沿古道前进

图110 古道沿线仍有大量遗迹

图111 古代过往的行人和独轮车在关山山顶留下的一道深壕

回。""衔悲别陇头，关路漫悠悠。""陇头征戍客，寒多不识春。""塞外飞蓬征，陇头流水鸣。""陇水不可听，呜咽令人愁。""陇头明月迥临关，陇上行人夜吹笛。""关西老将不胜愁，驻马听之双泪流。""陇头秋月明，陇水带关城。"……

对古人而言，西出长安，遇到的第一座大山就是陇山，他们背负行李，沿着陇山在多条交叉山谷中的缓坡上艰难地翻越大山，往往要用六七天时间才能走出陇山。这山，自然就成了他们心中的地理坐标，既有告别亲人的离愁，也有未知前路的迷茫。在多种心理作用下，"陇头水"也从汉乐府的横吹笛曲，演变成表达离别愁绪的词牌《陇头水》。陇头水，注定成为诗歌史上一面独特的旗帜。

陇头水在哪里？其实，就在快接近老爷岭的路边上，距离老爷庙不足百米的地方，有个泉眼，那是一个很小的泉眼，人们用石板简单地镶嵌了一下。据说，人们翻越陇山之后，都会在这里接一碗泉水，一饮而尽，然后向西而去。清澈凛冽的陇头水，就成为一碗斩不断的离别愁绪。

带路的老先生说，老爷庙这座供奉关公的庙宇，虽然小，却信徒众多。每年庙会，陕甘两省的信徒前来上香，络绎不绝。如今，生生不息的关陇道，早已成为一个符号，如果说大槐树是人们心中离开家园的标志，那么老爷庙就是路途上的家园坐标。

关陇古道已成为远去的记忆，只能供人们追寻历史的脚印。如今，"一带一路"建设的实施、关（中）天（水）经济开发区的建设和现代交通的快速发展，大大缩短了关陇两地间的距离，这为天水带来了前所未有的发展机遇。

图112 老爷庙所在位置正好在关山山梁之上

洮州卫城：六百年的江淮遗风

初到冶力关，青山叠嶂，绿水绕流，绿草山花掩映着白墙黛瓦的民居，一派典型的江南水乡特色。

怎么会在青藏高原的边缘，远离江南几千公里的临潭大兴徽派建筑呢？陪同的当地人告诉我们，这与有着600年历史的洮州卫城有关，当地的许多民间风俗、建筑都带有浓烈的江淮遗风。

带着疑问，带着对古城的崇敬和向往，我们前往新城镇，考察中国现存最大的卫城——洮州卫城。

80年前，著名新闻人范长江曾到这里采访，其中这样描写新城镇："新城为一周大近二十里之大土城，四出皆漫坡小岭，水草丰美，宜耕宜牧，南隔洮河三十里，为汉藏回三族杂处之地。过去城外商业繁盛，市场比栉……"①

站在古城对面的山坡上远眺，卫城尽收眼底。这座古城因形就势而筑，巍然屹立，气势雄伟。卫城跨山连川，蜿蜒起伏的城墙与高耸的烽火台构成的城池，呈不规则长方形，东北高而西南低，南城墙顺河而建。这座古城全长5430米，城墙高近10米，整个城共有5个城门，东为武定门，南为迎薰门，西为怀远门，北为仁和门，西北为水西门，设4座瓮城，并有敌楼，城内外墩台相望，形成警报通信系统。明中叶后，在海眼池南筑城墙和水西门瓮城。明代时，洮州卫城就是洮河流域的经济、文化、军事中心，是甘南现存最大的一座古城。

据87岁的王中西老人介绍，洮州城最早建于北魏太和五年（481），命名为洪和城。到了唐代，这里是有名的唐蕃古道的古镇，文成公主入藏走的就是这条道。明洪武十二年（1379），洮州十八族三副使叛乱，朱元璋派征西大将军沐英率重兵围剿，并派曹国公李文忠亲往督战，叛乱很快被平息。之后，在原洪和城的基础上扩建、增高，修筑了洮州卫城。由于洮州距离京都遥远，军粮补给困难，李文忠上书请求撤兵。朱元璋考虑其战略意义，降旨李文忠等留守。李文忠不敢违抗命令，将带来的江淮一

---

① 范长江：《中国的西北角》，新华出版社1980年版，第44页。

图113 洮州卫城全景

带士兵留在当地开荒种田，平时三分守城，七分屯田，战时为
兵，后陆续将士兵家属迁来定居，遂在这里长住下来，成为当地
的永久居民。

卫城是明代卫一级部队驻扎之地，之所以被称为"卫城"，
主要是以军队为主，而不是与百姓混合居住的古城。卫城主城区
西北部，有两个烽火台和城墙包围的村庄名字叫城背后村，就是
当年的家属区。城背后村里面现在有几十户居民，只有一户叫王
将军府的宅院，现长期无人居住，里面的房屋全部倒塌，大门依
然保持明清风貌。在村庄靠近居民区的一个台阶上有徐达庙，里
面长年供奉香火，还有用于抬龙神的八抬大轿。

流顺川的红堡子就是明代当年戍边政策的产物。流顺本来的
名字应该叫刘顺，他和父亲刘贵于1380年在此督建了红堡子。

红堡子后来成为刘氏子孙后代招军守御、管理屯军、征收粮草的大本营。刘贵、刘顺祖籍安徽，随朱元璋部队南征北战，建立功勋，到洮州曾修筑过卫城。后来，刘氏父子奉调进征现在的流顺村，奉旨屯垦，就此驻扎下来，直到现在。《刘氏家谱》记载："子贵，原籍直隶州府六安州人，明洪武十三年授昭信校慰、世袭百户，准于洮西开占地土，招军守卫。"明代之后，刘氏家族的后代及其所率领的军户官兵都驻留在现今流顺乡、扁都刘旗和晏家堡一带，成为洮州的世居百姓。在红堡子城内，有8户居民住在城内，其中靠近刘贵庙的城墙下一户人家住宅显得高而大，具有明代风貌，他们为刘氏家族的后人，至今仍然住在这里。在这里看到明代洪武十三年（1380）、正统四年（1439）、正统五年（1440）的三道圣旨，在刘氏子孙的精心保护下，至今完好无损，已经有600多年的历史。

图114　红堡子内刘姓人家保存的明朝洪武年间圣旨

图115　红堡子内刘姓人家保存的明朝正统四年圣旨

图116　红堡子内刘姓人家保存的明朝正统五年圣旨

图117　流顺川的红堡子全景

　　洮州卫城内有明清时期城隍庙一座。1936年9月，中国工农红军第四方面军在朱德等率领下进驻新城，在城隍庙成立临潭县苏维埃政府，并召开"洮州会议"。

　　在洮州卫城的城隍庙内，我看到一间殿内供奉着十八龙神牌位，没有塑像。县文化局丁局长说，这些牌位是明朝十八位功勋卓著的将领的，统称为十八龙神，都是按照方位、居住特点和庙宇的管辖权进行分封，有徐达、常遇春、沐英、胡大海、李文忠、韩成等王侯将领。

图118　洮州卫城局部

　　每年农历五月初五端午节，在这里都会上演一场民间期盼已久的迎神赛会活动。在为期三天的迎神赛会上，各地乡亲都抬着各自村寨的龙神到城隍庙举行献羊、降香仪式。仪式后，各自抬起神轿竞跑，先到者将预示着供奉该龙神的地区五谷丰登，牲畜兴旺。晚上，人们在城隍庙后面竞唱花儿。第二天，各路群众抬着十八龙神像游街，沿城转一圈，然后到城隍庙，将神像各就各位。第三天，将各自龙神抬到大石山，祈求风调雨顺，五谷丰登。这既有祭祀先祖之意，又有怀旧祈福之意。随后返回各主庙，活动结束。赛神整个过程重演了当年将士迎战来敌的过程，充满军事色彩。

图119 洮州卫城古城墙

在卫城内，人们把赶集称为赶营。据说，明初为屯田垦荒，委派谁去某地开荒，就授给一杆旗帜，可以招纳百姓开荒种地。后来，人们以主管头目的姓氏来称呼其所开垦的地区，如陈旗、郑旗等。当时，主管军事头目每隔十天要到卫城大本营汇报情况。原来这是军事性质的集合，日久天长，成了军民交易货物的集日，并且将每月的例会时间初一、十一、二十一定为营上，把赶集称为赶营，这种习俗一直流传到今天。

临潭每年元宵节的万人拔河活动，也是从明代沿袭下来的一种军中教战游戏。据说，明将沐英为平叛，驻旧城期间，以拔河

图120 洮州卫城内现在的场景

图121 洮州卫城内明清时期的城隍庙

为军中游戏，用以增强将士体力。后来屯田戍边，许多人落户于洮州，拔河之俗遂由军中转为民间。现在每年元宵节，来自附近各地的汉、回、藏各族群众，将重达8吨左右的钢缆绳放置十字街口，绳全长为千米，主绳直径达14厘米，参赛双方不分民族和男女老少，有数万人参与。这成为世界扯绳史上绳之最重、直径最大、长度最长、人数最多的比赛。

我们发现，当地的服饰文化也极有特色，尽现江淮遗风。当地人告诉我们，每逢节日期间，妇女喜穿对襟圆领上衣，着过臀大襟上衣，扎口便裤。到秋季，则外套一件黑色大襟条绒马夹，胸刺洮绣，内容多为喜鹊踏梅、莲生贵子、富贵吉祥等，腿着蓝布裤，脚穿绣花鞋。服装颜色除大红、桃红外唯翠蓝、深蓝、浅蓝等，而蓝色让人充满美好惬意的遐思，故当地妇女更多爱西湖水样的蓝色。男人穿黑色长袍，戴宽檐礼帽，一幅文质彬彬的样子。往常这些服装我们只能在古装剧里见到，但在洮州卫城却是这一带人们流行的汉族日常服装。顾颉刚先生在《西北考察日记》中说："至岷县足渐大，至临潭则更修长，其履尖上翘，所谓'凤头鞋'也。头上云髻峨峨，盖皆沿明代迁来时装束……"[1]

这是一座历史悠久、充满神奇故事的文化名城，每一段残缺的城墙、每一块斑驳的砖头都承载着古城的沧桑往事。古老的民俗艺术彰显着顽强的生命力，600年的江淮古韵遗风得到了很好的传承。

---

[1] 顾颉刚：《西北考察日记》，达浚、张科点校，甘肃人民出版社2002年版，第214—215页。

迂回穿行陇东陕北道

2017年4月25日下午，第十一次玉帛之路（陇东陕北道）文化考察活动启动仪式暨玉帛之路文化考察系列丛书首发仪式在陕西考古研究院举行。

在未来的14天里，中国社会科学院与上海交通大学、甘肃和陕西两方面将再次进行学术合作，聚焦甘陕两地的文化遗址及博物馆的文物，考察龙山文化与齐家文化的互动关联，沿着黄河与泾河水系的支流，探寻史前文明与丝绸之路的传播和线路分布。这也是跨学科的学术探索与新媒体传播相结合的全新尝试。

图122　参加第十一次玉帛之路文化考察活动座谈会成员集体合影

图123　上海交通大学致远讲席教授叶舒宪在座谈会上发言

　　作为玉帛之路文化考察队的老熟人，叶舒宪教授说：万卷书和万里路，自古就是文化人的人生理想。以探究未知世界为学术目的的读书和探查旅行，自郦道元和徐霞客以来，代不乏人，有《水经注》和《徐霞客游记》这样的经典著述流传后世。可惜很少有知识人像郦道元注《水经》那样，认真对待《山海经》和《穆天子传》所记述的"群玉之山"和玉路，更没有人把《楚辞》中"登昆仑兮食玉英"的说法，当成一种需要考证落实的对象。

　　先秦时代的昆仑，究竟何指？昆仑特产的玉英，有没有其实物的原型？同样的，《山海经》所记黄帝在峚山所食用的白玉膏，有没有实物原型？黄帝播种的玄玉，被视为玉中极品（瑾瑜之玉），有没有实物原型？怎样去求证？玉帛之路文化考察通过探访和标本采样，都已经完满回答了这些千古难题。

　　参加了第十次玉帛之路文化考察活动的张天恩也感叹考察团队做了考古学家应该做的事，这强有力地推动了考古学的发展，意义重大，取得了很好的成绩，对玉石产地和产业发展有很好的推动作用，这方面的探索非常重要，表明学术创新之路。西北大学教授段清波也从农业、游牧两个方面做了简要发言。他说，中国文明是农业文明和游牧文明共同构建的，玉帛之路文化考察的专家们不局限于考古学的考察，他们的思考方法多，思维尺度大，这对现代考古专业发展有着很深的启发借鉴意义！

杨官寨：大型史前聚落遗址

26日一大早，西安大雁塔附近的大街上行人还不是很多，这让我想起了古人咏叹的诗句"长安道，是离人"。车启动了，回望大雁塔，却有几分不舍。

遥想2000多年前，张骞出使西域，举行了盛大仪式，一行人浩浩荡荡，也是从这出发，"凿通"丝绸之路。今天，我们考察团一行从丝绸之路的起点出发，追寻古人足迹，实地探访，开启玉帛之路研究，心里也有点激动。

考察的第一站是高陵区杨官寨村，驱车1小时，来到了地处泾河北岸的杨官寨遗址墓地发掘现场。看着遗址的建筑遗存，仿佛一下看到了昔日的繁华，感慨先民的智慧。

杨官寨遗址位于高陵区姬家街道杨官寨村四组东侧泾河北岸的一级阶地上，泾、渭两大河流在遗址东约4公里处汇合形成泾渭三角洲。遗址总面积80余万平方米，是关中地区仰韶时期规模最大的遗址之一。

2004年，在配合泾渭产业园区基本建设开展的考古调查时，首次发现该遗址，初步探明其主要由庙底沟文化和半坡四期文化组成。最重要的收获之一是在遗址南端东西走向的断崖上发现了成排分布的属于半坡四期文化的房址（目前所知最早的窑洞式建筑）和陶窑，初步推断该区域可能是仰韶晚期的手工业制陶作坊区。

更为重要的是，考古发掘过程中在遗址内发现了庙底沟文化时期规模巨大且为同时期唯一完整的聚落环壕。该环壕平面略呈梯形，周长1945米，壕沟环绕面积超过24万平方米，壕宽10至15米，深3至4.6米。环壕西部发现一处门址，门址两侧的壕沟内发现有大量成层摆放的完整陶器，包括镂空人面纹覆盆、成组的鼓形器座、施有特殊彩绘纹饰的彩陶等，这些现象不仅表明杨官寨

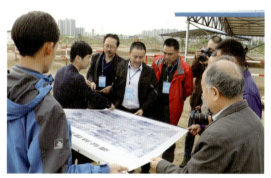

图124　第十一次玉帛之路文化考察团参观杨官寨遗址

图125　考古发掘人员在认真工作

庙底沟文化内涵的特殊性，而且涉及当时人们的宗教活动或精神信仰领域。这一发现为深入了解庙底沟文化的聚落布局形态与社会结构等提供了极为重要的资料。该发现的重要价值也得到了学术界的广泛认可，并获评2008年度"全国十大考古新发现"。

这几年，陕西省考古研究院对杨官寨遗址东北部的环壕外围进行了针对性的考古发掘，2015至2016年发掘中找到大批量分布的史前墓葬。

根据出土随葬品及碳14测年，推断该批墓葬系庙底沟文化成人墓地。初步探明，墓地位于杨官寨遗址东北部，经发掘，墓地东界距东段环壕约530米，总面积约9万平方米。墓葬分布密度非常大，初步推测墓葬总数可能逾2000多座，规模空前，非常少见。

庙底沟文化为仰韶文化中期的代表，因首先发现于河南陕县庙底沟而得名。在陕西省高陵杨官寨遗址发现的庙底沟文化成人墓地，填补了庙底沟文化聚落形态、埋葬习俗、人种学、人群血缘关系、社会组织状况等重大课题研究的空白，为这些研究提供了科学的实物依据。

目前学术界普遍认为中华文明的起源，大致是从距今6000年前开始出现明显迹象，具体表现为人口规模增加，大型聚落出现，农业文化日益发达，等等。而距今五六千年的庙底沟文化则是史前中原地区第一个具有广泛影响力的文化共同体，其分布范围以关中地区为核心，并向周围强势扩张，东达大海，西至甘青地区，北到长城一线，向南则濒临长江。杨官寨遗址作为庙底沟文化时期的一处中心聚落，其规模巨大的聚落、壕沟，无疑需要动用相当多的人力才能修建完成，这表明当时社会已经具备了组织周边区域和聚落的人集中到一起开展大型工程的能力，加之大型居民公共墓地和中心池苑遗迹的发现，这些都向我们揭示了杨官寨遗址是一处带有都邑性质的大型史前聚落遗址，很可能就是最早中国的雏形，并为国家的起源、中华文明的起源打下了基础。这一站的难忘印象是不期而遇的——新出土不久的一对墨绿色蛇纹石玉钺，由此揭开本次考察的中心主题：史前中原玉文化开端时期的玄玉分布问题。

考察团离开西安高陵区杨官寨遗址，途经陕西的三原、淳化、旬邑、彬县、长武等5县1区，考察了淳化、旬邑两县的博物馆，晚7点多抵达甘肃宁县。

宁县：古义渠国都城所在地

27日上午，考察团走进宁县博物馆，在一楼展厅参观了唐代的陶俑和北魏的石佛造像，随后上到二楼参观考察新石器时代的磨制石斧、双孔石斧、单孔石斧。"这个不是单孔石斧，可能是玉钺。"叶舒宪教授指着柜子里墨绿色的石斧说道。大家的注意力都被他的话吸引。为验明正身，在征得尚海啸馆长的同意后，管理员打开了柜子，小心翼翼地取出了所谓的单孔石斧。经叶舒宪教授反复鉴定后，他的结论是：这不是单孔石斧，而是玉钺。

图126　考察团在宁县博物馆鉴定的玉钺

　　叶舒宪教授说，这块墨绿色的玉钺长约10厘米，宽约8厘米，双面钻孔直径约1厘米，属5000年前仰韶文化时期的产物，仰韶文化遗址发现的玉器极其少，这块玉钺非常少见，可申报列入国家一级文物，应该是该馆的镇馆之宝。尚海啸馆长则称该玉钺出土于宁县。

图127　叶教授正在对遗落在角落里的玉钺进行鉴定

　　那段时间，正值《芈月传》热播，义渠王一副不折不扣的西北汉子的形象，俘获了亿万观众的心。据《后汉书·西羌传》概述："及平王之末，周遂陵迟，戎逼诸夏，自陇山以东，及乎伊、洛，往往有戎。于是渭首有狄、獂、邦、冀之戎，泾北有义渠之戎，洛川有大荔之戎，渭南有骊戎，伊、洛间有杨拒、泉皋之戎，颍首以西有蛮氏之戎。"[1]义渠戎，是诸戎之中较强的一

---

　　[1] 范晔：《后汉书》，李贤等注，中华书局1965年版，第2872页。

支。义渠不仅是我国历史上一个重要的少数民族，也是最早融入汉族的少数族群之一，长期繁衍生息于广阔的西北地区。春秋时晋文公又攘戎狄，义渠戎被迫西迁陕北和陇东地区，其活动中心就在今庆阳市的宁县。

关于义渠国城址，在学术领域，除了在今庆阳董志原上的焦村乡西沟村一说外，还有一说认为义渠故城址应该在今正宁县永正镇一带。据班彪《北征赋》记载："朝发轫于长都兮，夕宿瓠谷之玄宫，历云门而反顾，望通天之崇崇。乘陵岗以登降，息郇邠之邑乡，……登赤须之长阪，入义渠之旧城。……遂舒节以远逝兮，指安定以为期；涉长路之绵绵兮，远纡回以樛流。过泥阳而太息兮，悲祖庙之不修；释余马于彭阳兮，且弭节而自思。"[①]其行程路线为长安—甘泉宫—云阳—郇邑—义渠旧城—泥阳—彭阳—安定—朝那，大致为西北向行程。显然，班彪翔实的纪行记录，为研究古代地名及道路提供了有力的佐证和宝贵的资料。

有关专家讲，义渠戎从商代武乙年间建立部落方国算起，至秦昭襄王时共存史800多年，其中建立奴隶制君国达500年之久。文献和考古论证，义渠国都的发展中心在宁县，义渠国都在宁县县城庙嘴坪。鼎盛时期，它的地域东达陕北，北到河套，西到陇西，南达渭水，面积约20万平方公里。义渠在与其他诸国的竞争中融合发展，创造了底蕴深厚的义渠文化。义渠文化历史悠久，与先周、先秦文化及儒家思想共同孕育了灿烂的中华文明，成为华夏文明的重要组成部分。

---

① 萧统：《昭明文选》（一），华夏出版社2000年版，第261—262页。

庙嘴坪：岁月遮掩昔日的荣耀

28日上午，吃完早餐，考察团一行匆匆出发，前往宁县新宁镇庙嘴村参观庙嘴坪遗址。

图128　于祖培带领考察团参观庙嘴坪遗址

出了县城没多远就到了考察地，从庙嘴坪俯瞰，庆阳宁县城北三水交汇处一览无余。宁县文化专家于祖培称，北山绵延至川中的三级台地，高40米，南北长800米，中部东西宽200米。该台从山根由东西两条小沟截断，中间仅留一车道，其他三面凌空。东北部有一小丘孤兀而立，叫太子冢，高约30米。台北高南低，呈鸡腰形，它就是赫赫有名的省级文物保护单位庙嘴坪遗址。

于祖培称，庙嘴坪不但有距今7000到5000年的仰韶文化，还有齐家、商周、春秋战国、汉、唐、宋、元、明、清至今一以贯

之的深厚文化内涵。庙嘴坪名字多，史称公刘邑、公刘坪、古豳
国城、义渠戎国都邑。在被称为庙嘴坪之前，经历仰韶文化都邑
性质的村落、古豳国都城、义渠戎国都城，降至秦的义渠县城、
汉初北地郡址、后世的定安县城、明以后的村，因更大的宁州城
于秦汉之际在东边台地开拓、修建，辉煌了六七千年的古人类文
化遗址变换了形式，坪南成为古刹古庙重地，因此人们给起了一
个俗名庙嘴坪，但却把它昔日的荣耀遮掩起来了。目前，《甘肃
省省志》所书"庙嘴坪"仍为"公刘坪"。

夏朝末年，诸侯叛夏。在夏朝做了十几代农官后稷的周族，
在公刘时又率族迁到以庙嘴坪为中心的庆阳市广大前原地区。
"周道之肇始于此"，宁县庙嘴坪为其兴起提供了滋生的土壤，
董志原的宽厚博大胸怀接纳养育了周族，孕育了新一代的中国传
统思想文化，把中华航船拨向了礼仪之邦。

在考察的过程中，我们在土墙的缝隙中发现了不少的陶器、
瓦当残骸，随团专家陕西省考古研究院张天恩研究员将文物残骸

图129　张天恩研究员按照年份对文物进行了排布

按年代进行了排布，都是距今大约6000至4000年的陶器残骸。

他说，公刘姓姬，是夏商时周族的首领，是周先祖来庆阳后的第三代领导人，也是真正在这块黄土地上出生的庆阳人。他自小受农耕文化的熏陶，长大后继承父志，复修后稷之业，"务耕种，行地宜"，使豳地农牧业生产得到了很大的发展，可以说，公刘是周先祖中功劳最大、影响最深远的一位领袖人物。他是整个豳地疆域的开拓者，农耕文化的奠基者。夏桀二十二年（约前1797），他率领北豳人从北豳南迁到公刘邑，大大开拓了豳地的疆域，在自然条件较好的董志原、早胜原和彬长地区发展了农业经济，并正式建立了豳国。

庙嘴坪只是当地群众的称谓，并没有赋予它应该有的文化高度和历史意义，出于对文化的尊重，考察团专家建议能够将庙嘴坪更名为公刘坪。

"秦一号兵站"空心青砖：揭秘2000年前的秦直道

28日上午，考察完宁县的两处遗址后，我们驱车到正宁县博物馆考察，一块古代巨型青砖引起了大家的关注。正宁县博物馆馆长刘小枫告诉我们，青砖出土地为全国重点文物保护单位正宁县秦直道遗址的"秦一号兵站"，并为我们揭秘了2000多年前的秦直道。

刘小枫馆长说，正宁县秦直道位于本县东部，总长5万米，整体呈"一"字走向，沿陕甘两省交界处的子午岭主山脊由南蜿蜒北行，自陕西旬邑杨家胡同入正宁界后，经国营刘家店林场、中湾林场、西坡林场、秦家梁林场东部进入宁县北五里墩，直道沿子午岭山脊修筑。路面均为土筑，一般宽4至5米。碾压层厚3至5毫米，层数10余层。碾压层层面有3至5道车辙印痕，印宽8至10厘米，深8厘米左右。

正宁县境内秦直道可分为4段：刘家店至雕翎关段、雕翎关至亮马台段、亮马台至油坊庄段、油坊庄至艾蒿店段。正宁境内秦直道共发现秦汉时期的宫殿、兵站、关隘、烽燧等遗址及墓葬20余处，其中古遗址7处、烽火台9处、古道3处、古村落7处、关隘1处、都护墓1座。最值得关注的是南梁峁遗址：直道北行到南梁峁，在道路的东侧200米处有一宽阔平坦的山梁，名四十亩台。山梁上开阔平坦，南北长约500米，东西宽约200米，北窄南宽，形似葫芦，东南山势陡险，西北坡度平缓，北面约有30米宽的出口紧贴直道，地面散布大量绳纹瓦片和建筑材料，总面积约7000平方米。

1986年全国文物普查中，陕西省考古工作者首次对这里进行了全面调查，发现了用料姜石铺成的院落地面和夯土墙基、

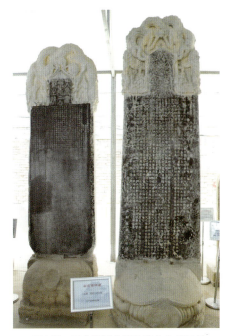

图130　正宁县博物馆收藏的古代石刻

图131 正宁县博物馆收藏的珍贵文物——新石器时代仰韶文化黑彩双耳人面纹葫芦口陶瓶

素面方砖、几何纹方砖与绳纹方砖、瓦等14种建筑材料。经专家论证，此处为秦直道自云阳起第一个屯兵之所，故命名为"秦一号兵站"。2013年，正宁县秦直道遗址被列为全国重点文物保护单位。

发掘出青砖的博物馆馆员梁彦斌告诉我们，2014年5月份，他们到野外调查时，在秦直道"秦一号兵站"遗址发现该巨型空心青砖，砖长138厘米，宽38厘米，厚21厘米。青砖可能是用来修建筑的，上有一个圆孔，也可能是作为水管用来排水的。

历经2000多年，秦直道为何能保留下来，刘小枫馆长给我们揭开了它的构筑之谜。他告诉我们秦直道路面构筑方式主要有5个特点：一是路面靠沟一侧，一般都建有夯土护坡。其剖面略呈倒梯形，靠外一侧高3米以上，整个护坡向靠山一侧延伸5到6米以上，厚度递减。夯土细密、坚硬，夯层厚6至8厘米。二是对于山脊的一些由于雨水冲刷形成缺口的黄土疏松地段，按所需宽度，将两边修成马槽形，内填黄土以夯筑。三是部分路段在前期古道基础上拓宽而修。对山脊车道宽度尚不足的地方，就地采石，将两边堆砌加宽，从而达到平整标准，一般宽度为4至5米。四是路面对坡度较舒缓的小山峁，直道则从峁顶而过。对一些陡的坡头山峁，选其捷径，或左或右，从峁侧削出4米左右宽的道路绕行。

五是在劈出道路的外侧，开挖一条壕沟，既保证了车行安全，又起到了排放水的作用。

秦直道比闻名西方的罗马大道还要早200多年，是世界上公认的第一条"高速公路"，享有世界公路鼻祖的美誉。考察专家称公元前212年，秦始皇命大将蒙恬修筑秦直道，起初的目的是抗击匈奴。当时蒙恬率30万大军用两年时间修筑了南起陕西林光宫，北至今内蒙古包头九原郡的一条南北长达700多公里的军事通道。秦直道是由咸阳通往北境阴山间最近的道路，故称直道，但到了汉朝，解除匈奴威胁之后，这条被誉为"中国最早高速公路"的秦直道，军事功能便逐渐被民用功能取代。这一演变的过程，在此次考古调查中也得到了证实。一批汉代遗存被清理发掘出来，包括城址、配套的墓葬群及驿站等。曾经的军事大动脉，在转民用后，也带动了黄土高原上城镇化的进程。

华池：中国第一件旧石器出土地

28日下午，我们又驱车前往合水县，参观了当地的陇东古石刻艺术博物馆。据博物馆副馆长胡庆红女士介绍，陇东古石刻艺术博物馆占地40亩，是甘肃省第一座以古石刻艺术展览为主题的专题博物馆。博物馆的建成，为文物保护、展览提供了场所，为专家学者研究、考察搭置了平台。馆内现藏有430余件古石，其中12尊国家一级文物，34尊国家二级文物，2尊造像碑曾到日本、美国参加展出。

离开合水县博物馆后，我们沿途考察了位于马莲河支流县川河南岸板桥镇柳沟村的瓦缸川遗址，并在当天下午4点抵达庆城县，先后来到庆城县博物馆、周旧邦木牌坊、钟楼进行考察。

庆城县博物馆始建于1984年，是一座综合型国家三级博物馆，已于2008年免费开放。新馆展览大楼于2007年建成，占地3960平方米，建筑面积4276平方米。据博物馆馆长贺兴辉介绍，庆城县博物馆设庆城历史沿革、石雕石刻、古生物史前史、岐黄文化、周祖农耕文化等10个展室和1个多媒体学术交流厅。截至目前，这里收藏各类文物2199套、7056件，名人书法作品1200多幅，其中珍贵等级文物360件，一级文物24件，二级文物53件，三级文物283件，还有陶器、瓷器、青铜器、石器、钱币等大宗藏品。

29日，是五一小长假的第一天，我们继续按原计划考察探访。

"岁月不是可怕，但要问岁月去哪儿了！"叶舒宪教授在沿途考察时不禁感叹，没想到，这声感叹却引起了大家的共鸣。

图132 陇东古石刻艺术博物馆收藏的文物

五一小长假，考察团的时间去哪儿了？不过，"这个五一有意思，难忘！"几乎是大家共同的心声。

中午，抵达中国第一件旧石器出土的地方华池县考察。简单午饭后，年过六旬的陕西省考古研究院研究员张天恩却建议大家去参观华池县博物馆。车绕山路前行五六公里，到达博物馆时，已经下午1点40多。在华池县文广局局长王文彪、博物馆馆长罗志才、博物馆原馆长倪树隆的带领下，我们开始了华池县博物馆考察。据县博物馆馆长罗志才介绍，县博物馆成立于1992年12月，2003年9月迁入县城东山双塔森林公园。馆舍面积1180平方米，展览面积680平方米，馆藏文物2000余件，其中珍贵等级文物398件，一级文物8件，二级文物25件，三级文物573件。另有境内双塔寺搬迁时考古发掘出土文物140多件，各类文物标本500多件，征集的陕甘边革命时期文物57件，石碑石造像150多件。华池县还有丰富的不可移动文物——古塔、古城、寺院、庙宇、长城及革命遗址等。

图133　华池县博物馆收藏的玉器

图134 双塔寺出土的金代千岁香包

在对博物馆考察后，我们又抵达地处银坪村的中国第一件旧石器出土地洞洞沟。当时已是下午3时许，登山没路，为了看洞洞沟的真容，爬山时《丝绸之路》杂志社的冯玉雷社长双手扎满了野刺，中国社会科学院研究员易华教授、陇东学院的张多勇教授差点从土坎上摔倒，可见考察的路异常艰辛。当我们从郭咀子遗址返回时，夜幕已笼罩了华池县城。

庆城县：柔远河畔的文化守护人

29日上午，考察团一行离开庆城县城，沿静静流淌的柔远河驱车3公里来到了柔远河畔的省级文物保护单位麻家暖泉遗址，有幸在这里见到了守护当地文物遗址39年的石有军夫妇。

庆城县文广局副局长赵启迪告诉我们，麻家暖泉遗址位于庆城县庆城镇封家洞行政村麻家暖泉自然村，东距202省道约100米，南至高庄沟，西至枣树台畔，东至崖畔。遗址现为农田，绵延分布于麻家暖泉周围三级台地上，文化层厚1至3米，占地45000平方米。采集有泥质红陶片、夹砂红陶片等标本，属于仰韶文化庙底沟类型。正说话时，一位衣着朴素、高个、精神矍铄、眼角皱纹都似乎带笑的老人来和大家打招呼，原来，他就是在这里守护了文物遗址39年的文保员石有军。

"哎，你们是干啥的——"这一喊声，常常划破山区的夜空，在柔远河两岸的山间回荡。每次听到院子外的狗叫声，他都会马上从炕上翻起来，边穿衣服，边往院外走，手电筒的灯光还没有照到山间地埂，但他的喊声早已奔向远方。深夜寂静的山间，只要听到疯狂的狗叫声，他就怕有倒卖文物的人来这里挖掘文物。说起吓走挖掘文物的盗墓贼时，他还学着平时呼喊的样子向大山里面喊了几声。

图135 柔远河畔麻家暖泉遗址的文物守护人石有军

石有军告诉我，今年他63岁，老伴庞会荣60岁，儿子和儿媳带着孩子到外地打工，家里只有他们夫妻俩。除照看庄稼外，他的主要工作是守护麻家暖泉遗址。他说，他是党员，1979年从部队上退伍后就担当起麻家暖泉遗址的守护人，这一干就是39年，从起初对文物的理解不够，到现在深刻理解了保护文物的重要性，感到自己能为保护国家文物做服务，是一件无限光荣的事。

"我有时睡得沉，没听到狗的狂叫。老伴只要听到，就把我叫醒，让我去查看。老伴特支持我的工作。"石有军动情地说，"为防止有人盗挖文物，我经常深夜出去查看，为老伴安全着想，我也常让她跟着一起去。我们不怕，毕竟村子里人多，有事一喊，村里人都能听到。"听到考察团来村里，看到有记者采访老伴，妻子庞会荣会高兴地告诉别人，她的老伴曾经还被评为全省优秀文保员。说起保护文物，夫妻俩满脸都是幸福。

图136　考察团一行与石有军一家在麻家暖泉遗址合影

　　每次有特殊的情况，石有军都会用声音来惊吓前来挖掘文物的团伙，并及时打电话向文物局的值班人员举报，文物局的人员就会及时赶到。随行的庆城县文广局副局长赵启迪告诉我们，全县文物保护员共186位，文广局每年都会为他们举行至少两次的文物保护培训会，提高他们的安全意识、奉献意识以及责任担当意识。正是有石有军等这些文物保护员的默默坚守、无私奉献，才能使更多的文化遗址不被破坏，得以保存。

远古时期的祭坛

　　30日上午，我们从华池县城出发，翻越子午岭再次踏上陕西的考察之路，驱车前往陕西延安。途中，得知吴起县境内有龙山

图137　考察团一行前往隐藏在大山深处的树洼遗址

文化遗址的考察团员们欣喜若狂，问了10余次路，最后由热情的陕西老人冯志东带路，考察团终于找到了隐藏大山深处的树洼遗址。

不知道绕了几个弯，又翻过几道梁，最后耸立在考察团眼前的，是一座看不见顶的山峰，张天恩教授感叹："要不是有老乡带领，半年都找不到这座山。"出于考察的渴求和向往，我们开始了长达2小时的登山之旅，行走在崖边的小路上，颤颤巍巍地往上走，途中随处可见几千年前的陶罐碎片。望着眼前一山还比一山高，考察团员们渐渐失去自信，有些力不从心，但是秉着不到黄河不死心的想法，叶教授率先带头，不气馁，鼓励大家前行。带路的老人冯志东告诉考察团的成员，现在走的这座山叫作老板梁，旁边最高的山叫作营盘山，古时候是军队驻扎的地方。时间在一点点地流逝，考察团离目的地越来越近。

图138　考察团成员与当地老乡在树洼遗址处的祭坛前合影

从老板梁到营盘山，又走了20多分钟。叶老师是第一个到达山顶的，他被眼前的一幕震撼到了：在考察团眼前的是一个高3米，直径约30米的原型土坛，静静地矗立在营盘山的顶上，孤独却又庄重。他激动地说，这就是远古时期的祭坛啊，就像是古希腊雅典卫城中的帕特农神庙，静静地讲述着中国4000年前的历史故事。在山顶上细细观看，整个营盘山被周围的山峰紧紧包围着，就像是臣子在守护着他的帝王。冯志东告诉记者，正北方两座身形类似的山峰分别叫作小草梁、大草梁，在前几年，考古学家曾在那里考古，挖掘出了4000多年前的龙山文化玉器。

总说上山容易下山难，考察团成员下山的时间却比上山时缩短了一半，下午4时许，筋疲力尽的考察团成员们终于坐到了车上，尽管累，收获却是巨大的。稍事休息后，心满意足的考察团成员们离开了这个鲜为人知的地方，前往延安。

延安：国宝玉器收藏背后的故事

5月1日上午，我们从延安郊区营盘梁龙山文化遗址考察回来后，下午立即赶往延安市文物研究所考察，这里馆藏的国家一级文物玉璧、三孔玉钺背后的故事，如馆外的雷声让人吃惊不小。

当天下午，我们在赶往延安市文物研究所的路上，黑云低垂，叶舒宪教授笑着说，真是老天赏脸，要是早上到研究所考察，下午看遗址，就连个避雨的地方都找不到了。刚进研究所，零星的雨滴开始落下。进入博物馆，白晓龙副所长向大家介绍道："研究所馆藏的文物玉器，属国家一级文物的就有16件。"

图139 延安市文物研究所收藏的玉璧

白晓龙将通径16.9厘米，间有黄色条纹和斑点的玉璧拿出来，大家都看得入了迷。白晓龙没介绍玉器的特点，却向大家讲起了玉璧鲜为人知的故事。那是20世纪80年代，研究所的工作人员做文物考察时，从一位老乡家里发现放暖水瓶的底座竟然是玉璧。工作人员多次给老乡做工作，最终精诚所至，金石为开，拿两个暖水瓶将玉璧换了回来，当时一个暖水瓶要卖4元钱。听到这里我们为研究所工作人员的慧眼叫好，也为玉璧能回归国宝的价值而感到庆幸。

此时，外面雷声阵阵，研究所文物背后的故事也不亚于一声声惊雷。当白晓龙将玉璧放回后，拿出又一个国家一级文物三孔玉钺。我们看到玉钺正视成梯形，颜色看上去姜黄色间有粉状白斑，高12厘米左右。随后，他揭秘了玉钺的来历。也是在20世纪80年代，延安的一位老人收藏了这块龙山文化时期的玉钺，随着老人的年龄渐增，他盘算着这块玉的去处，留给儿子吗？可只有一块玉，他却有两个儿子，玉给任何一个儿子，都会引发家庭矛盾，思来想去，老人最终决定，将这件玉钺拿出来捐献给延安市文物研究所。听了这个故事，虽然无法见到那位睿智的老人，但大家对老人的敬佩之心油然而生。

参观完博物馆时，虽还有零星的雨滴落下，但西边太阳的光芒已从云缝中钻出，考察团匆匆赶往驻地写作，今夜又是一个不眠的夜晚。

甘泉县："美水之乡"的宋代画像砖

5月2日，踏着清晨的第一缕阳光，我们在延安市文物研究所所长张华女士的带领下告别延安宝塔区，又踏上考察的征途。

路上大家仍在讨论昨天考察的有关细节，推敲所写文章的准确性。为活跃气氛，大家时不时地开个玩笑，爽朗的笑声在车内回荡，不知不觉间，考察团就到达了甘泉县县城。

甘泉县因城西南5公里处神林山麓有泉水而得名，素称"美水之乡"，西周即有史载，秦置雕阴县，北魏初置临真县，唐武德元年置伏陆县，天宝元年改甘泉县。名胜古迹有秦直道遗址、隋炀帝赐名的美水泉、唐代建筑白鹿寺、千年银杏树、宋代古墓群等。

上午10时许，我们抵达了甘泉县博物馆。陕西老乡热情好客，温暖着考察团成员的心。延安市文物研究所所长张华和甘泉县文物旅游局副局长李延丽对博物馆每个藏品一一做了讲解，大家听得很认真。

据介绍，甘泉县博

图140 甘泉博物馆收藏的天青釉钧瓷碗

物馆成立于1992年4月，目前馆内藏品2000余件，其中等级文物407件，以宋代画像砖、成组成套的汉代釉陶器及2005年出土的一组商代晚期青铜器最具特色。博物馆里陈列了复原的一座宋代仿木建筑结构的画像砖室墓，极具地方特色。这些宋代画像砖，通过人物故事、花卉、歌舞、祥瑞图等画像，生动地反映了古人尊老爱幼的传统美德，以及他们向往美好生活，追求美好生活的愿望。

汪家沟陶鬲片：揭示新石器时代先民的烹饪方式

5月2日上午，我们参观考察了甘泉县博物馆后，又前往洛河东岸甘泉县汪家沟遗址考察。

上午11时许，我们来到了渭河第一大支流的洛河东岸的汪家沟遗址。延安文物研究所所长张华介绍，该遗址面积30万平方米，发现多处灰坑及白灰层居住面，采集到的尖底瓶腹部残件上饰有较为少见的鸟首堆塑，也采集到了其他标本，好多属于新石器时代遗存。同时，还发现了秦汉时期的建筑遗址。据介绍，汪家沟遗址对研究古人类分布和秦汉古城分布有重要的参考价值。

在查看遗址时，我们捡到了一个高约6厘米，底部直径约4厘米的空心锥体陶片，用小石头敲击发出清脆的声响，经陕西省考古研究院张天恩研究员和陇东学院张多勇教授辨认后称，空心锥体陶片可能是新石器时代陶鬲一只足最下的部分，陶鬲证明当时这个地区的烹饪方式已经从初级烹饪向蒸煮改变，这个陶片可作为采样标本保存研究。博物馆工作人员遂将空心锥体陶片用纸包好后，带回博物馆。也许是一个不起眼的小陶片，却可为揭示远古时期先民们的生活起居方式提供佐证。

图141　考察团成员在汪家沟遗址考察

富县：鉴定出仰韶文化两大件玉器

5月2日下午，考察团一行考察完汪家沟遗址后，前往富县参观鄜州博物馆。

到达鄜州博物馆时已是下午2点多，富县文物局局长杜强和鄜州博物馆馆长任延峰带领考察团参观。令人欣喜的是，经考察团专家鉴定，该博物馆的两件石器竟然是仰韶文化大件玉器。

任延峰介绍，郿州博物馆于2008年7月成立，总建筑面积1112平方米，馆内藏有文物1391件，主要包括石器、陶器、瓷器、青铜器四大类，其中国家一级文物4件，二级文物13件，三级文物243件。

考察团专家查看新石器时代的文物时，有两件石器引起了大家的关注，一件标签写着石铲，一件标签上写着石斧。"这两件可能是玉器。"叶舒宪教授说道。大家为之一振，经叶舒宪教授用手电光照射，精心鉴定确认，两件文物均为5000年前仰韶时期的玉器，可申请国家一级文物。石铲实为蛇蚊石玉铲，长30.5厘米，宽6厘米；石斧其实是玉钺，长13厘米，宽8.5厘米。考察团的专家们表示，仰韶时期的玉器本就少，像今天30厘米这么长的玉铲还是第一次见到，这应该是中国目前所知的仰韶时期最大的玉器。从材质看，这两件玉器均属于史前"立玉"的典型标本。

喜事不断，好事连连。在参观的过程中，考察团成员被一件商代的铜器吸引，上面标注的是铜樽。专家们对此产生了质疑，在经过专家们的分析探讨，断定此物应该是一件铜觚（觚，是中古代的酒器，盛行于中国商代和西周初期）。陕西省考古研究院张天恩研认为，这件铜觚上面有鎏金鎏银，如果能好好地清理，应该能评为国家一级或二级文物。博物馆工作人员认真地做了记录，为以后文物升级做准备。

图142 叶舒宪教授在郿州博物馆鉴定出的玉器

又是充实的一天，伴随着阵阵的微风细雨，考察团一行于晚上7时许到达当代著名作家路遥的故乡清涧县。

清涧县：闻名遐迩的文化大县

5月3日，清早推开窗户，昨晚下了一整夜的雨，黄土高原上一股清新的空气，伴着泥土的味道沁人心脾，考察团一行又匆匆前往榆林市清涧县考察。

"清涧的石板，瓦窑堡的炭"，这句顺口溜也使我对清涧县这名字记忆很深。

清涧县，是著名作家路遥的故乡，上初中时读的第一本小说《人生》，使他成为我心中的神。路遥作为清涧的一张文化名片，曾经唤醒和激励了多少迷茫的青年投身文学创作，所以清涧县对我来说并不陌生。

清涧县地处黄河陕晋峡谷西岸，有无定河汇入黄河，历史文化源远流长。据《宋史》记载，1041年，种世衡率兵在这里利用其废垒筑城，以防备西夏的侵扰。西夏兵来争，种世衡就一边作战一边抢修。城内缺乏水源，他出重金奖励凿井，终于从地下150尺处挖出了清泉，于是取名为青涧城。1182年，青涧城改为清涧县，古遗址遍布县境，陶器、铜器、汉画像石时有出土，商城遗址与商代青铜器闻名遐迩，宋元瓷器颇具特色。

据贺阿龙馆长介绍，清涧县现有古遗址、古墓葬、古建筑、石窟寺、石刻及其他古迹739处，近现代重要史迹及代表性建筑15处。清涧县文化馆馆藏文物种类齐全，内容丰富，特色鲜明，所藏文物共计4170件，其中国家一级文物17件、二级文物32件、三级文物82件。

1小时的考察结束后，考察团向李家崖商代遗址进发，车外的春雨，仍淅淅下个不停……

绥德县：享有盛名的汉画像石

3日中午，我们参观了清涧县文物馆，考察了李家崖商代遗址，收获颇丰。为赶时间，考察团成员每人吃了一碗特色面食——抿节，之后离开了路遥的故乡，一路北上，前往绥德县考察。

小时候，在庆阳老家经常听到流传在陕甘地区的一句名谚"米脂的婆姨绥德的汉"，对绥德县很熟悉，想象这里的男子汉高大威猛，颇有北方阳刚之气！行进的路上，几次接到绥德县委宣传部联络电话，对考察团很关心，让人倍感亲切。

到达绥德县时，已是下午3时许，县委宣传部副部长王瑞平带领大家到绥德县博物馆参观。王瑞平副部长告诉我们，绥德县历史悠久，人文荟萃，素有"天下名州""秦汉名邦"的美誉。早在仰韶、龙山文化时期，就有先民在这里繁衍生息。因其特殊的地理位置，历代曾长期设立郡、州等县级以上建制，名将能臣皆在此驻守主政。秦太子扶苏、大将蒙恬就在这里驻守长眠，汉代名将李广也曾在此戍边御敌，历史上著名的昭君出塞、文姬归汉、汉武巡边都从这里经过，这里还是抗金名将韩世忠的故乡。

走进绥德汉画像石展览馆，考察团被宏大的雕塑所吸引，馆长王波给考察团做了详细的讲解：绥德汉画像石馆为陕西省唯一的汉画像石专题展馆，绥德汉画像石的收藏已有50多年的历史，累计出土汉画像石500多块，其内容丰富多彩，民族特色浓郁，雕刻艺术独特，在全国享有盛名。

展览馆陈列绥德汉画像石精品110多块，画像石内容主要有狩猎放牧、农耕植禾、楼阁庄园、宴饮出行、军事征战、历史故事、神话传说等；馆内布有人物雕塑、画像石墓葬复原和画像石制作过程场景再现，同时，以3D全息影像等新媒体展现。汉画像石生动地记载了东汉时期边塞地区的政治经济、文化艺术、社会风貌、民俗民风，具有珍贵的文物价值和艺术价值。

绥德汉画像石是以本地盛产的页岩为材料，墨线勾样，浅刻浮雕，然后施用朱、绿、赭、白等色绘制而成。新建的绥德汉画像石馆，为保存、研究绥德汉画像石搭建了重要载体，也吸引了大量研究人员和游客。

图143　考察团成员在陕西绥德汉画像石馆合影

拜谒新石器时代古石城石摞摞山遗址

5月4日清晨，天微微亮，黄土高原上的冷空气伴有浮尘，冷飕飕的，考察团成员几乎拿出所带的全部衣服武装上身。

在前往佳县朱官寨的石摞摞遗址考察路途中，主持发掘石摞摞龙山文化遗存的张天恩研究员，一路上和大家聊的最多的就是石摞摞遗址的发掘过程与出土的珍贵文物，大家的向往之情不言而喻。

考察团成员在朱官寨镇党委书记薛晓华的引导下出了县城，向东眺望，黄河就在不远的山下，对岸属山西省的地界，这是考察团离开兰州11天以来第一次遇到黄河，就像见到久违的老朋友一样，见到黄河就有一种莫名的亲切感。

回头望着渐行渐远的黄河，有些恋恋不舍。车子一路继续北行，向朱官寨公家圪村的石摞摞山遗址进发。车子在崎岖路上绕行约1小时，抬头望去，遗址就在远处的小山顶，但被一辆河边取水的三轮农用车挡住去路。

考察团一行下了车，遥望遗址，看看周围的山势地形。站在河边，薛晓华给我们介绍，这条河名曰五女河。这一奇特的名字背后有个传说故事。据说唐朝有一位将军阵亡，五位女子为感恩将军守护百姓而献身的壮举，她们也做出了感天动地的决定，终身不嫁，全心全意地替将军敬孝，为将军的母亲养老送终。五女的大爱大孝感动乡邻，为记住她们的大义，就将这条河改名为五女河，将她们生活的地方改名五女川。这个地名至今依然沿用，

图144　考察团成员在石摞摞山遗址合影留念

图145　河的对岸就是石摞摞山遗址

并修有五女祠，祠至今还在，离我们考察的遗址有3公里左右。这里还有五女墓，在20世纪80年代曾出土过玉镯。大家被五女的故事感动，想去拜谒，却因考察时间紧，不得不放弃。

图146　石摞摞山未被损坏的石城墙

上山的路异常陡峭，费了好大的劲，才到达一个平缓的台地，时间已是上午9点30分。一下车，一块石碑映入眼帘，赫然写着"全国重点文物保护单位石摞摞山遗址"。放眼望去，满山的石头，还有残留的石墙。这就是考察团一路上牵挂的4000年前的古石城。张天恩研究员曾主持带队勘察发掘石摞摞遗址，当我们问他故地重新来有啥感想时，他谦逊地说："发掘没有到最终，确有点遗憾。1988年，带队普查石摞摞山遗址，2003年，挖掘3个月，取得了一定的考察成果，但发掘开了个头，至今没有完成，有点遗憾。"

站在石头城上，张天恩研究员指着山峁古城说道，石摞摞山古城属新石器时代晚期龙山文化遗存，先民居住时，山下能看到城墙，山上却是平台，故为台城，该城防御功能强，内城3000多平方米，外城6万多平方米。他指着西面显现的一块地说，这就是当时发掘确定的西城壕，不远处残存的石墙长10余米，高3至4米不等，宽1米多至2米，中间处一缺口为西城门，古时西城门前有泉水。

大家跟随张天恩走进了西城门，才真正进入古石城。地上不但有石条，还随处可见黑陶、红陶、褐陶片。叶舒宪教授称，可辨器形有鬲、甗、钵、瓮、罐等，另见有少量石器如单孔石刀等。中国社会科学院易华研究员诙谐地说道，一脚踩下去，能感到史前数千年的文化，沿途当地百姓还沿用了古人的砌墙方式，这就是传承。

进了外城，入内城，最终到山巅的皇城。放眼四望，山下弯弯曲曲的河流、周围墚峁沟壑、庄稼草木尽收眼底。笔者当时想，如有四名守城者站在城上，城下风吹草动，一览无余，这是一个易守难攻之城，而且当时还有护城河。张天恩还带大家观看了护城河堤。

朱官寨镇党委书记薛晓华说，五女河自西北绕遗址向东流过，西北、东北隔五女河与桥山、牛会塌相望，遗址四周2公里

图147　石摞摞山遗址用石块包崖镶坡所筑的外城墙

外有王家峁、冯家圪崂、张家坬、石家坬等村落。石摞摞山遗址1992年被陕西省政府公布为省级重点文物保护单位加以保护，2006年5月25日被国务院列为第六批全国重点文物保护单位。目前政府部门采取了有偿退耕措施，以减轻耕种及水土流失对遗址的进一步破坏。

张天恩研究员指着隐约可见的城墙说道，石摞摞山遗址为陕西境内迄今发现的唯一的一处新石器时代晚期石城，在遗址内发现有龙山文化时期普遍存在的白灰居住面三处，均位于平缓向阳的遗址南部，呈"一"字排开，其中一处位于南部城垣内侧，另两处处于城垣外侧。2003年7月到10月，对此遗址做了考古发掘。本次工作揭露遗址面积约900平方米，清理灰坑、窖穴93座，房址18座，陶窑1座，以及用石块包崖镶坡所筑的内外城墙、宽大的护城壕和保存较好的石砌护坡等遗迹；出土陶器、石玉器、骨器等遗物200多件。这些发现认为摞摞山石城建于庙底沟二期文化阶段，规模虽比较狭小，但其建设规划构筑的复杂性、先进性和防御体系的完备程度，在目前所见龙山文化中期以前陕、蒙、晋相邻的北方地区大量石城聚落中，显得非常突出。该城的兴建，非其遗址区内的劳力所能承担，标志着可组织动员更大范围的人力和社会资源的社会组织已经形成。其与年代相近的石峁皇城台等石城的出现，表明以河流、水系为分域的地方性中心聚落已悄然诞生，北方早期文明的帷幕徐徐开启，为陕西清河县下塔类形态更进步、规模更宏大的城邑在北方地区出现，以及4000年以前具有都邑性质的石峁古城的诞生，奠定了社会基础。

原来1个多小时的考察，最后花费2个多小时，大家下山，陆续上了车，第一个踏入遗址地的张天恩先生，却是最后一个离开，还不时回头望着石擦擦山，那种不舍，如同离家要远行的游子对故乡的难离之情，让人看了为之动容。一位考古界老专家的敬业，让我们由衷地点赞！

青冈峡：被历史遗忘的古通道

5日上午，我们早早地参观了靖边博物馆，开始向庆阳环县进发。这是考察团5月1日从华池县赴陕西考察多日后，再次踏入陇原大地，开始环县的考察之旅。屈指一算，考察活动从西安启动到抵达环县，已途经3个省区，20多个县。

环县在历史上属西北边陲之地。传说远古时期，禹贡九州之时，属雍州之域；三代之前，又属古西戎地；春秋及战国之初，仍为义渠戎国；秦汉时，属北地郡；隋唐时，先后属弘化郡弘德县（今洪德）、庆州方渠县；五代、宋元时期多属环州；明清属庆阳府环县；中华民国设陇东道，辖环县。它也是华夏农耕文化的发祥地之一，旧石器时代已有人类活动，隋朝置县以来，历来是兵家必争之地。长城堡寨、关隘烽燧见证了历史的沧桑，萧关古道、宋代砖塔诉说着久远的文明。

从靖边到环县，横跨三省区，路途遥远。在途中，考察团经过了位于环县西北部的青冈峡，这是环县通往宁夏灵州（吴忠）的一个峡谷，环江也在这里静静地流淌，像在讲述这里的历史变迁。不知昔日的青冈峡是何种光景，今日的此地，处处是工地。远远望去，纵横南北的西银高铁正在紧张地建设中。叶舒宪教授告诉大家，从古至今，这里都是人们选择的通行之道。

图148 青冈峡：被遗忘的古通道

陇东学院教授张多勇告诉我，青冈峡全长共10公里，他曾在前几年到达过青冈峡，并做过详细的考察。他推断，青冈峡应该也是古代输送玉石的一条道路，只是从古至今并未有明确的考察和研究。成书于宋代的《武经总要》载："环州，北至洪德寨八十里，寨北即蕃界。青冈峡、清远军、积石浦、洛河、耀德镇、清边寨、灵州共七程。"又载："洪德寨，西北路即旧口，入灵武大路，号青冈峡。"又："灵盐路，自洪德寨西北入青冈峡上，至美利寨入清远军，军城则宋初转运使郑文宝建议筑之，在灵州南界积石岭上瀚海中，至灵环州三四百里，地不毛，无水泉。浦洛河、耀德、盐井、清边镇入灵州，约五百里，本灵环州大路。"可见，青冈峡是指洪德往北至山城堡一段的河谷道路，之字坪是青冈峡的北端，为北宋元符二年（1099）修筑的清平关，即今山城堡古城遗址。在青冈峡内，兴平城是北宋元符年间在峡内灰家嘴修筑的古城。青冈寨在山城梁上，城址是张铁村宝宁堡古城。

叶舒宪教授表示，他所著的《玉石之路踏查记》一书中有关于青冈峡的一些记载。文中说道，从《旧五代史·康福传》记录的一个故事中可以明确地将青冈峡这段路是否曾经大量输送西域玉石资源到中原做出澄清。康福是唐明宗年间朔方河西节度使，他目睹了一次突袭吐蕃运输队的缴获情况："……因令将军牛知柔领兵送赴镇。行次青冈峡，会大雪，令人登山望之，见川下烟火，吐蕃数千帐在焉，寇不之觉，因分军三道以掩之。蕃众大骇，弃帐幕而走，杀之殆尽，获玉璞、牛马甚多。"

由此看来，这条路上一定是有玉石的，至于有多少，就靠后来人去证明了。在未来的日子里，这条被人遗忘的玉石之路终究

图149　考察团在青冈峡合影

会被想起，历史的疑团也终将会被揭开。考察团前进的脚步并未在这里过多地停留，当天下午6时许，考察团经过一天的行车，顺利地抵达了庆阳环县。

下午6时许，考察团一行抵达环县县城。随后，与环县宣传文化系统的相关人员举行了座谈会。座谈会由环县县委常委、宣传部部长李正锋主持，他说，这次玉帛文化考察活动影响力很大，其深远的意义会一直受到关注，并表达了盼望考察团到来的意愿。今天专家不辞辛劳来到环县，在接下来的考察活动中拜托各位专家挖掘环县的历史文化，并借助网络平台对外传播出去。

5月6日，离原计划考察结束的时间已经不多了，这也就意味着第十一次玉帛之路（陇东陕北道）的考察活动即将接近尾声。但是专家们对于文化的追求，却是持之以恒和坚定不移的。

图150　环县博物馆收藏的珍贵文物

当天一大早，我们便参观考察了环县博物馆历史文物展厅。不大的展厅内拥有着各个时代的珍贵文物，让考察团成员们大饱眼福。随行的博物馆业务员沈浩柱告诉我，环县历史文物展厅面积约300平方米，包括文物、图片、历史场景复原等内容，生动真实地再现了环县自旧石器时代以来的历史沿革。陈列展品重点突出了史前时代的化石、石器和陶器，先秦至明清时期的各种历史文物，充分反映了自古以来环县作为中华古文化和华夏文明的发祥地之一，在历史时期内也始终是多元文化碰撞、交融的地区。

由于场地的限制，大部分藏品只能存放于库房中，在展厅中展示的仅有300余件。据沈浩柱介绍，县博物馆共收藏文物4470件（组），等级文物就有600余件，其中一级文物15件，二级文物48件。

环县道情皮影：东方魔术

环县皮影是第一批国家级非物质文化遗产，曾多次出国巡演，被外国友人誉为"来自东方魔术般的艺术"。当天上午，我们参观完历史文物展厅之后，又参观了环县博物馆皮影展厅，一进展厅，大家就被展厅里精雕细刻的皮影造型深深地吸引了。通过参观考察，考察团成员了解了环县道情皮影保护传承的历史。

据展厅讲解员介绍，皮影展厅面积约700平方米，分为灯影、戏影和弄影三个单元，分别展示环县皮影的造型艺术、环县道情皮影戏和环县道情皮影的表演，共展出皮影实物300余件，乐器、剧本、雕刻工具等50余件（套）。

图151　环县道情皮影

展览借鉴了非物质文化遗产的展示方式，以实物为主，引入新媒体、场景、互动等新的展陈手段，兼顾图版、文字等传统展陈手段运用，立足皮影道情艺术生存的原生态环境，静态的皮影展示结合道情皮影表演，将文学剧本、戏曲音乐、皮影造型制作、操控表演等鲜活地整体展陈，多视角、全方位、深层次展示道情皮影的艺术魅力。

环县：寻访7000年前的古遗址

"随手一捡都是数千年的历史"，"这次考察，把环县的人类生存推到了7000年前"，在甘肃庆阳环县仰韶文化遗址城子岗遗址考察时，专家不时发出这样的感叹。

图152　从山顶眺望完整的古城墙

　　上午，考察团成员和县宣传文化系统的相关人员向环县的考察地进发，车出县城，不多时就到了东山下，绕山路前行，快到山顶时，大家下车步行，山巅绿树环绕，新建的亭台楼阁也另有一番景致。站在山巅俯瞰，县城尽收眼底，尤其是完整的古城墙引发大家的关注。"保存这么完整，真是少见。"考察团专家对古城发出赞叹。当地陪同人员告诉我们，老城现存可辨城址两处，县博物馆普查分别定位环县南城和环县北城。南城为元明清古城，据清代县志记载，其为元末李思齐部将杨黑哥重修，明清多次重修。南城呈南北长、东西宽的不规则长方形，东长约818米，西长约1318米，南宽约480米，面积约46万平方米，城墙底宽约12米，顶宽约3米，残高8米，夯土层厚16至18厘米。现仅存的砖砌南城门宽

5米，残高7米。北门、西门以及瓮城和南瓮城早年已毁。环县北城普查时定为宋城遗址，城址规模大于南城遗址，呈不规则长方形，南北宽约800米，东西长约1000米，面积约80万平方米，将宋塔包在城内。目前，老县城作为省级文物保护单位进行保护。

11时许，我们带着不舍向仰韶文化遗址城子岗遗址和秦长城遗址进发。15分钟后，到达城子岗。沿着地埂，穿过麦田，考察团一行来到第一段长城下时，发现草地上随处可见陶片。环县博物馆原馆长谢文科老先生说，这里也是仰韶时期的城子岗遗址。陕西省考古研究院张天恩研究员对陶片做了鉴定后称，陶片有属于仰韶文化、常山下层文化、齐家文化时期的，也有秦、汉及唐朝的陶片。

叶舒宪教授说，仰韶文化在甘肃分布很广，它是黄河中游地区重要的新石器时代的一种彩陶文化，其持续时间大约在公元前5000年至前3000年，距今约7000至5000年，分布在整个黄河中游，约在今天的甘肃省到河南省之间。因1921年首次在河南省三门峡市渑池县仰韶村发现，故按照考古惯例，将此文化称之为仰韶文化。其以渭、汾、洛诸黄河支流汇集的关中豫西晋南为中心，北到长城沿线及河套地区，南达鄂西北，东至豫东一带，西到甘肃、青海接壤地带。

城子岗遗址旁边的三段保留较好的秦长城矗立在麦田环绕的高台上，与环江相隔的玉皇山梁上的秦长城遥望。博物馆的工作人员告诉大家，战国秦长城从镇原的周庄进入环县的演武乡，经合道、虎洞、环城、樊家川等乡镇进入华池县，横穿全县5个乡镇，全长110.3公里。其中演武的狗拉壕，合道的箭杆梁、黑风口，虎洞的半个城，环城的城东沟，樊家川的长城塬等多处仍有残存城墙和墙体痕迹，境内战国秦长城遗址包括墙体62处、关堡8处、单体建筑139处和相关遗存3处，均为黄土夯筑。

　　考察完秦长城时已是上午11点50分，陪同人员建议先午休，但专家们为能多挖掘多了解环县的历史文化，执意赶往环县宋塔考察。宋塔坐落于县城以北1公里的环江东岸第二级阶地上。无论是在东山上，还是在考察团赶往县城的路上，都能看到其拔地而起的雄伟。车到环城镇红星村北关组，上了台阶，终于见到宋塔的真容。塔身全部以青砖镶砌而成，表面砖打磨得十分规整。砖塔呈八角形楼阁式，仿木结构，高五层，逐层微敛，顶有塔刹，整体造型美观，奇巧秀丽，工艺考究，堪称一尊艺术精品。

图153　山脚下的长城和山顶的长城隔河相望

环县文化部门的专家告诉我们，宋塔始建于北宋中期，元中统五年即宋理宗景定五年（1264）重修塔刹，通高有22米。首层离地较高，超过塔高的四分之一，内外无台基。每面宽3.13米，向南有门通内，其内辟八角形塔室，每面宽1.2米。每层皆有隔板，各层塔檐出双抄华拱，每面补间斗拱两朵，上承替木，每层间隔一面

图154　始建于北宋中期的宋塔

设有真门或刻版门和直棂窗，分层变换方向。真门单砖券顶，门两侧浮雕莲花饰。板门方形门框，双门紧闭，门面有"丁"字饰。各级塔檐上部施平座，平座下斗拱与檐下相通，平座上有栏杆，人可通行，栏杆底层砖面阴刻"卍"字饰样。顶有镀金铜质塔刹，上刻有建塔时间与"国泰民安"等字样。

返回的路上，艳阳高照，虽然有点累，但大家谈的话题还离不开环县厚重的历史文化。

南佐：黄土大塬上高等级的中心遗址

南佐遗址，是考察团重点考察的一个地区，也是最后一个考察的对象。7日下午3时许，在西峰区委常委、宣传部部长张晓龙的带领下，我们与南佐遗址顺利碰了面，这也意味着考察活动进入尾声。

图155　考察团成员查看在南佐遗址发现的陶片残骸

　　南佐遗址位于甘肃省东部黄土高原腹地、平坦宽阔的董志原中部，在庆阳市西峰区后官寨乡南佐行政村，西距西峰城区5公里。该遗址是仰韶文化晚期人类生活过的大型遗址，距今5000至4000年间。遗址中有一大型殿堂式建筑房址，室内面积630平方米，两边墙长33.5米，北墙长18.8米，主墙高2.6至2.8米，为长方形房体。地面有6层白灰地面，说明曾6次修补使用。室中有12根木骨墙柱，直径80至82厘米。整个房体为前堂后屋结构。大殿周围还有一些小型房址，有灶台、烧烤痕迹。此址出土的大量文物有小口尖底瓶、宽平沿盆、罐、缸、瓮等陶器，有石刀、石斧等石器，有纺轮、匕、针、镞、笄等骨器，还有稻、粟、稷等粮食碳化物。这些遗物对研究我国特别是陇东地区上古史时社会形态及其性质具有非常重要的价值，而同时发现的大量碳化粮食（稻、粟、稷等），是我国古代农业考古的重要材料，对研究农业起源、农作物的种植与分布交流等提供了十分重要的实物资料。遗址中这座殿堂式的古建筑房址，面积巨大，结构宏伟，是目前国内史前考古发现的一座最大的建筑遗址，也是古代一座大型部落集团的核心建筑物。它比大地湾遗址更有明显、独特的地域特征，更有力地说明古代陇东人的聪明才智和顽强的奋斗精神。

遗址说明，整个董志原是古人类群居的地方，南佐这里可能是一个群居的村落或城池。同时，大型殿堂说明，这个城池可能是原始部落的政治中心即邦国国都。前殿后屋可能就是国王或酋长居住和办事的地方。各种粮食碳化物的发现，说明这里是古代农耕文化的发祥地之一。根据各种线索，我们经过推理研究，认为陇东或许也是黄帝族的开发基地，南佐遗址就是黄帝时期重要的地方聚落中心。

张晓龙对当地的文化非常了解，他说，南佐遗址是甘肃陇东地区一处重要的仰韶文化晚期人类生活过的大型遗址，单就发现的这座殿堂式的古建筑房址而言，面积巨大，结构宏伟，与秦安大地湾大型建筑基址相近，表明它是泾、渭地区又一处高等级的中心遗址，对研究庆阳仰韶文化的社会形态具有重要历史价值。2002年遗址被国务院公布为全国重点文物保护单位，这也是庆阳史前文化中唯一的国宝级单位。

考察团成员之一的陇东学院教授张多勇之前曾多次到南佐遗址考察，对当地的情况非常了解，他向我们介绍了遗址详细的情况。随后，张多勇教授带领大家到一处房址，在这里，大家见到了几处不同时期大型的灰坑，考察团成员看着眼前的一幕，久久不舍离开。

图156　南佐遗址发现的大型灰坑

图157　考察团参观考南佐遗址出土的文物

考察团在南佐遗址捡到了不少陶片并进行了鉴定，从古至今的陶片都有迹可循。这样就表示，从史前开始到现在，南佐遗址的文化层是完整的，没有中断的。叶舒宪教授笑着说，在这个地方，随便捡个陶片，至少都是5000年前的，相比其他地方，这是弥足珍贵的。南佐遗址不仅保持了史前高原生态环境的地形地貌，而且还揭示了高原人在聚落阶段发展的完整过程。南佐古城和大殿遗址很可能就是黄帝时期的一个地方性都城。它是我国史前极为难得的实例，对研究甘肃史前史的文化序列具有重要意义。

遗址很快就考察结束了，陇东陕北道的考察之旅到这里就要告一段落了。9个人，14天，考察结束，所有人的脸上挂满了憔悴，来不及洗的衣服也布满了尘土，这一路走得坎坷，却也收获满满，回想着一路走来路过的所有风景，都是值得的。

图158　庆阳博物馆收藏的玉璧

随后，参观考察最后一个博物馆——庆阳市博物馆。这是一座集文物收藏、展览、研究、开发为一体的现代化综合博物馆，占地面积23亩，建筑面积12800平方米，馆藏文物1万余件，其中以史前陶器、商周玉器、汉唐铜镜、宋金瓷器和千姿百态的佛教造像最具特色。博物馆60件国家一级文物、234件国家二级文物最受观众青睐。全世界最大的黄河古象化石、绚烂多彩的民俗展品和弥足珍贵的革命文物也是庆阳博物馆的特色。博物馆副馆长张弛告诉大家，这些年来，庆阳博物馆对庆阳市内的战国秦长城、秦直道、双塔寺、陇东古城址等古代文物遗存进行了专题调查和发掘，取得了翔实的资料和研究成果，在石窟寺研究、泾河上游新旧石器时代文化研究等方面取得了重大成绩，并出版了多部专著。

初步摸清玄玉时代的空间分布

历时14天，行程3500多公里，穿越甘肃、陕西、宁夏三省区，途经26个市县区，参观28个博物馆，考察30多处遗址后，5月8日上午，文化考察活动陇东学院座谈会暨总结交流会在陇东学院举行，考察团的成员和陇东学院的教授做了发言交流。

陇东学院副校长许尔忠不禁感叹，玉帛之路文化考察活动确实是一项浩大的文化工程，各位考察团的专家能够翻山越岭、东奔西走、风餐露宿，这是一种学者的情怀，这种情怀让人感到非常敬慕。各位专家将散落在民间星星点点的文化挖掘出来，用点、线、面的方式连接起来，形成课题，这是非常了不起的。同时，这项活动也散发着无尽的学术光芒，是一台播种机，专家团队不辞辛苦地上山下河，一个区一个县地考察，其核心就是学术，这种学术光芒足以让学者们一呼百应，足以让参与进来的学者们感到光荣，更能让各地散落的历史遗迹更好地展现在群众的面前，散发出更多的光芒。玉帛之路文化考察有更深远的历史意义。他还说，以环县为代表的庆阳地区是中国早期的一个重要文化交汇区，在古代具有非常重要的地位。沿途的长城、烽燧、城堡等遗迹所过皆是，历历在目，众多古文化遗存集中出现在同一区域内，加上丰富的仰韶文化、龙山文化，以及其他不同时期聚落的发现，让人感到非常震撼，是研究地域文化发展的理想之地。他希望陇东学院和庆阳的专家、学者，以及有志于有关研究的年轻学者及学生，能认真关注并积极参与，共同推动相关研究。

叶舒宪教授在交流会上发言时说，我们前八次考察聚焦的西北史前文化是齐家文化，因为这是距今4000年的最发达的地域性玉文化，在时间与空间上和夏、商、周玉礼制度传统最为接近。自2016年元月的第九次考察，我们在陇东镇原县看到距今4500年以上的常山下层文化用玉，以墨绿色蛇纹石料为主；第十次考察聚焦渭河道的西玉东输作用，仰韶文化期的蛇纹石玉资源从甘肃武山沿着渭河向东传播的轨迹，得出创新性认识。这就突破了玉石之路4000年的旧认识，拓展到5000年的时间范围。这一次考察的设计就包括甘肃、陕西两省学界有效合作，陇东、陕北道跑下来，看5000年的文物，进入多个地方性的文物库房中观摩和辨识，可以说初步摸清了玄玉时代的空间分布问题：渭河及其主要支流、泾河、马莲河、环江、蒲河、茹河、葫芦河等，还有甘陕交界处子午岭东侧的延河、洛河、无定河、秃尾河等。玄玉时代是中原与西部玉文化的起源期,是第一个时代。饮水思源,查源知流,这个命题的学术意义是不言自明的。

"'玉帛之路'四个字,如今已经形成一种品牌效应,玉帛之路系列考察可以代表一种没有先例的学术和文化事业。其特点之一是学术与传媒结合。专家笔记每天早晨准时在中国甘肃网刊出,没有中断过。之二是学术内部的跨学科组合与互动,其所产生出来的积极效果,一定是一加一大于二的。这些都需要大家去认真总结,并在日后继续保持和发扬。"叶舒宪教授情绪激昂地说道,"实践出真知,中国人没有自己的理论,没有自己话语的时代应该结束了,必须有人去大胆突破旧话语的牢房。"

在他看来,这次考察活动可以说超预期完成了预定目标,考察的14天里亮点频出:第一个亮点是在出发当天的高陵杨官寨遗址考古工地,看到刚刚从5300年的沉睡中惊醒的蛇纹石玉器。第二个亮点是出发第二天在宁县博物馆,将一件养在深闺人未识的史前石斧,建议正名为仰韶文化蛇纹石玉钺。第三个亮点在吴起县树洼遗址,考察龙山文化高等级社会的"标配":山顶的祭天礼仪建筑和用玉制度。第四个亮点在延安芦山峁遗址考古现场和文管所库房,再次领会龙山文化的"标配",其用玉的优良。第五个亮点在甘泉博物馆库房和富县博物馆库房,两件大的仰韶文化蛇纹石玉礼器,或可从此得到正名。第六个亮点在环县青冈峡,计划内的收获是实地考察被丝路说的倡导者们完全忽略的中国本土的战略要道古今的延续性;计划外的收获是在环县秦长城遗址的短暂采样时,看到这里的田野遗物,体现出自仰韶文化早中期到清代的文化延续性，长达7000年之久，堪称举世罕见。相关的研究前景，召开几次国际会议都不为过。第七个亮点是在庆阳博物馆观摩到常山下层文化蛇纹石玉器原件，以及南佐遗址仰韶文化大房子中心聚落的宏伟格局。

陕西考古研究院张天恩研究员动情地说："这次考察实际上是圆我的一个梦。"他说："非常荣幸受邀参加此次考察活动，也非常高兴参与这样一件有意义的文化盛事。我是做考古工作的，研究方向主要是夏商周考古，先周文化研究为一项重要内容。庆阳地区与陕西彬县、旬邑等共同构成了历史记载的古豳地，故在周人早期历史研究中占有非常重要的地位，也就成为先周研究者向往的地方。由于这一地区的考古工作很少，有关周人早期文化的资料非常贫乏，包括我在内的许多研究者几乎没有涉及这里。很多年以来，我一直希望能在这块土地上进行一些考察，但却未能如愿。这次考察圆了我这个梦，几乎走完了庆阳地区的所有区县。"

易华研究员说，费孝通先生是我国研究民族学与人类学的领袖人物，发现玉崇拜是中华民族的根本特色，提出了"玉魂国魄"概念。而叶舒宪教授在10余年来自觉地继承了费孝通遗志，通过玉帛之路文化考察追踪玉根国脉。如果费老地下有知，应该感到欣慰。他还说："我与费孝通先生交流学习过，与叶舒宪先生砥砺切磋，赞成玉魂国魄和玉根国脉概念。我本人主要研究东西交流与华夏文明形成。玉器崇拜、玉文化或玉教是东亚定居农业文化的象征。与玉帛同样重要的是干戈，叶舒宪发现玉帛在4000年前就率先统一了中国，我认为4000年左右启用干戈才真正巩固东亚第一个王朝夏朝。"陇东陕北黄土高原是东西文化交流与南北文化汇合的核心地带，是中国历史地理枢纽。南佐遗址是枢纽区中华文明形成期的核心遗址。他呼吁保护南佐遗址，并期待南佐遗址真相早日清晰，南佐考古遗址公园早日建成。

总结交流会期间，每一位专家的发言，都会引起老师和学子们的共鸣，不时响起的掌声就是最好的证明。

主要参考书目

[1] 《辞海》编辑委员会：《辞海》，上海辞书出版社1999年版。

[2] 王尚寿、季成家等编著：《丝绸之路文化大词典》，红旗出版社1995年版。

[3] 中国公路交通史编审委员会编著：《中国丝绸之路交通史》，人民交通出版社2001年版。

[4] 甘肃省公路交通史编写委员会编：《甘肃公路交通史》，人民交通出版社1987年版。

[5] 郎树德、贾建威：《彩陶》，敦煌文艺出版社2004年版。

[6] 刘炳午主编：《古丝路·大陆桥》，中国工人出版社1992年版。

[7] 张鸿苓主编：《中华民俗览胜》，语文出版社2000年版。

[8] 吴廷桢、郭厚安主编：《河西开发研究》（古代卷），甘肃教育出版社1993年版。

[9] 邓明：《兰州史话》，甘肃文化出版社2007年版。

[10] 陈良：《丝路史话》，甘肃人民出版社1983年版。

[11] 林健：《明代肃王研究》，甘肃人民出版社2005年版。

[12] 秋子：《中国上古书法史——魏晋以前书法文化哲学研究》，商务印书馆2000年版。

[13] 曹卫东主编：《彩图版中国通史》，海潮出版社2007年版。

[14] 王道义主编：《今日中国西北角》，敦煌文艺出版社1998年版。

[15] 惠桂林编著：《中国历史年代大全》，甘肃文化出版社2015年版。

[16] 陈梧桐、陈名杰：《黄河传》，河北大学出版社2001年版。

[17] 胡官平编著：《大西北博览》，陕西人民出版社1993年版。

[18] 颜廷亮、许奕谋主编：《甘肃历代诗词选注》，兰州大学出版社1988年版。

[19] 李并成：《河西走廊历史地理》，甘肃人民出版社1995年版。

[20] 张世廉编著：《甘肃古今谈》，甘肃人民出版社1993年版。

[21] 马曼丽、樊保良：《古代开拓家西行足迹》，陕西人民出版社1987年版。

[22] 杨伯达：《巫玉之光——中国史前玉文化论考》，上海古籍出版社2005年版。

[23] 张天恩：《周秦文化研究论集》，科学出版社2009年版。

[24] 中华玉文化中心、中华玉文化工作委员会编：《玉魂国魄——玉器·玉文化·夏代中国文明展》，浙江古籍出版社2013年版。

[25] 中国社会科学院考古研究所编：《夏商都邑与文化》（二），中国社会科学出版社2014年版。

[26] 邓聪编：《东亚玉器》（第一册），香港中文大学中国考古艺术研究中心，1998年。

[27] 叶舒宪：《河西走廊——西部神话与华夏源流》，云南教育出版社2008年版。

[28] 易华：《夷夏先后说》，民族出版社2012年版。

[29] 叶舒宪：《玉石之路踏查记》，甘肃人民出版社2015年版。

[30] 易华：《齐家华夏说》，甘肃人民出版社2015年版。

[31] 冯玉雷：《玉华帛彩》，甘肃人民出版社2015年版。

[32] 冯玉雷：《玉帛之路文化考察笔记》，上海科学技术文献出版社2017年版。

[33] 薛正昌：《驼铃悠韵萧关道》，上海科学技术文献出版社2017年版。

[34] 军政、刘樱、瞿萍：《图说玉帛之路考察》，上海科学技术文献出版社2017年版。

[35] 叶舒宪：《玉石之路踏查续记》，上海科学技术文献出版社2017年版。

[36] 叶舒宪：《玉石神话信仰与华夏精神》，复旦大学出版社2019年版。

[37] 叶舒宪：《玄玉时代——五千年中国的新求证》，上海人民出版社2019年版。

[38] 叶舒宪：《玉石里的中国》，上海文艺出版社2019年版。

[39] 甘肃大地湾文物保护研究所编：《大地湾遗址研究文集》，敦煌文艺出版社2016年版。

[40] 王璞：《玉门历史考古》，甘肃人民出版社2014年版。

[41] 张柱华主编：《草原丝绸之路学术研讨会论文集》，甘肃
      人民出版社2010年版。

[42] 段小强、李丽主编：《敦煌学·丝绸之路考古研究》，甘
      肃教育出版社2016年版。

[43] 甘肃省文物考古研究所、北京大学考古文博学院编著：
      《河西走廊史前考古调查报告》，文物出版社2011年版。

[44] 王志安：《马家窑彩陶文化探源》，文物出版社2016年版。

[45] 陕西省考古研究所、宝鸡市考古工作队编著：《宝鸡关桃
      园》，文物出版社2007年版。

后　记

　　玉帛之路文化考察，是一次次以国内专家学者为主，《丝绸之路》杂志总编辑和网络媒体人共同参与的田野历史考察之旅，目的是挖掘地域文化资源，梳理甘肃文化脉络。屈指一算，3年来，历时40多天，行程万余公里。

　　时间仓促，以粗略的手记，记述一行人的甘苦和收获。受冯玉雷兄的多次电话之邀，我翻箱倒柜，找出笔记，查看电脑照片，每天抽空整理一点，断断续续持续几个月。

　　印象最深的考察过程中发生的许多有趣故事，那种白天坐车连续飞奔、中午用餐有时狼吞虎咽、下车直奔田野实地考察、晚间再连夜写稿、次日早上7点准时交稿的场景恍然间都在眼前重现。考察途中经历过绿色诱人的草原、白雪皑皑的高原大地、落日余晖下的古城遗址、茫茫戈壁的自然景观，以及我们挑灯夜战，一边写考察手记，一边审稿、发稿的那些瞬间，让人难忘。

　　在多次考察中，得到了西部多个省区的宣传、文化、文博部门朋友们的大力支持，他们尽最大的力量提供了方便。不容忘记，那些对我们热情支持，指点路径的乡亲，他们是一方大地的主人，也是大地上的守护者；也忘不了学术界朋友无私地提供资料；更忘不了叶舒宪、张天恩等专家学者的无私奉献。西北师范大学《丝绸之路》杂志社副社长、副总编辑刘海燕对文稿进行了梳理，并且在全书结构、历史文献把关等方面发挥了重要作用。中国甘肃网的编辑们贡献了部分文字，陕西师范大学出版总社的编辑对本书的出版做出了极大贡献。在此，我深深感谢支持考察活动的每一位朋友，感谢他们的无私付出，也感谢他们对活动及对我们撰述的支持。

往昔已是烟云，因为这些文字，都是美好回忆。

张振宇

2021年3月